肉的百科全书

主编 李舒

我要吃肉

中信出版集团 | 北京

图书在版编目（CIP）数据

我要吃肉 / 李舒主编. -- 北京：中信出版社，
2019.4　（2019.7 重印）
　　ISBN 978-7-5217-0027-5

　　Ⅰ.①我… Ⅱ.①李… Ⅲ.①肉类—饮食—文化—文
集 Ⅳ.①TS971.29-53

　　中国版本图书馆CIP数据核字(2019)第021880号

我要吃肉

主　　编：李舒
出版发行：中信出版集团股份有限公司
　　　　　（北京市朝阳区惠新东街甲4号富盛大厦2座　邮编　100029）
承 印 者：中国电影出版社印刷厂

开　　本：900mm×1000mm　1/16　　印　张：15.5　　字　数：271千字
版　　次：2019年4月第1版　　　　印　次：2019年7月第2次印刷
广告经营许可证：京朝工商广字第8087号
书　　号：ISBN 978-7-5217-0027-5
定　　价：88.00元

全世界吃肉爱好者团结起来！

淡绯

无花果红

牡丹粉红

榴子红

香叶红

艳红

高粱红

殷红

酱棕

酱紫

目录

目录

全世界吃肉爱好者团结起来

文 / 李舒　图 / 视觉中国

公开讨论吃肉这件事，绝对是社会文明进步的象征。

比如我的男神苏东坡，明明一边教大家文火慢炖小猪肉，"慢着火，少着水，火候足时他自美"，一边又假惺惺说："可使食无肉，不可居无竹。无肉令人瘦，无竹令人俗。"哼，看这矫情劲儿，肯定是吃饱了才写的。

还有周作人，写文章就喜欢谈吃，他的理由是"饮食男女，人之大欲存焉"。饮食和爱情是一样的。张爱玲一言以蔽之，"写来写去都是他故乡绍兴的几样最节俭清淡的菜：除了当地出笋，似乎也没什么特色。炒冷饭的次数多了，未免使人感到厌倦"。

由此可见，文章太素，也不是好事。活色生香的人，就该活色生香地吃肉，大口喝酒，大块吃肉，是真名士自风流。

中国人民的吃肉历史源远流长，不过，每个时期都有每个时期的鄙视链。汉朝时一只鸡36钱，而猪、牛、羊、狗肉一斤只需要6到10钱，要知道那会儿，一名书佐月俸才360钱，吃肉不是问题，吃鸡还得是土豪才行。多亏了南北朝的贾思勰，他在《齐民要术》中教大家养鸡，鸡的产量提高了，孟浩然才能"故人具鸡黍"，陆游也才可以"莫笑农家腊酒浑，丰年留客足鸡豚"。陆游所在的宋朝，因为皇帝的喜好，羊肉站在了吃肉鄙视链的顶端；但到了明朝，因为养鸭防蝗的策略，大家有了一千种烹调鸭子的手段；慈禧太后的清宫宴席，因为避讳而无法吃羊肉（老佛爷属羊，连"羊入虎口"这样的唱词都不准有），于是，她便猛炸猪皮响铃，一直到吃成了脂溢性皮炎，也不肯撤下这美味。

关于吃肉，哪个人没有记忆呢？小时候，吃肉是有些大张旗鼓的。我最喜欢年尾时节，爸爸请出家里那口不知道多少年的黑色小缸和一块饱经沧桑的青石，我知道，做咸肉的季节到了——咸肉必赶在立春之前腌制好，过了立春，气候渐渐湿热，肉就容易变质。先用小火小心翻炒花椒，香味渐渐弥漫开来，有种置身"椒房"的感觉。把盐倒进锅里，继续小火翻炒至花椒微微发黄，腌肉的作料就完成了。之后，爸爸会郑重地去菜市场，那里有他相识多年的卖肉师傅，爸爸说，只有老王家的五花肉，才值得拿来做咸肉。

我始终认为，还是我家的咸肉最好吃。

可是，我已经很久很久没吃过这种鲜咸适口的咸肉了。似乎是那一年腊月，爸爸一如既往去了菜市场，过了很久才回来，菜篮子空空如也。我们很纳闷地问："肉呢？"爸爸没有说话，一根接一根地抽烟，后来我们才知道，卖肉师傅老王得了癌症，爸爸去医院看了他，给了他的爱人一点钱。

那一年的咸肉和香肠，不知道怎么的，都不如往年好吃。爸爸说，别人家卖的就是不如老王。

年后，老王走了。下一年，爸爸不腌咸肉了，我们家的咸肉都从南货店买回来。那肉也好吃，但不知道为什么，却少了一种风味。可是爸爸始终不腌肉，连那口大缸，也在搬家的时候不知所终。

后来，我读了钟子期俞伯牙的故事，忽然能够理解爸爸，和弹琴一样，懂肉的人之间也有一种惺惺相惜的知己感。

灵与肉

没有例外，全世界爱吃肉的人都有一个美妙的灵魂，联合起来吧，爱吃肉的人，让我们共同打造灵与肉完美结合的乌托邦。 文／王琳 插画／Tiugin、蔓蔓

·苏东坡·

大文豪苏轼是一个羊肉爱好者，每逢吃羊肉，连羊骨头里的碎肉都不放过，还称碎肉吃起来像螃蟹。因为将骨头上的肉吃得过于干净，遭到自家狗狗的嫌弃。

·鲁迅·

"北漂"鲁迅先生一直致力于向不熟悉火腿的北京人科普火腿的做法："干贝要小粒圆的才糯。炖火腿的汤，撇去浮油，功用与鱼肝油相仿。"

·史湘云·

83版电视剧《红楼梦》给我带来的最大美食震撼，不是花里胡哨加工十八道的茄子，也不是芳官嚷着嫌腻的胭脂鹅脯，而是雪天里史湘云和贾宝玉的烤鹿肉。

·武松·

身为粗豪侠义的好汉，吃鱼虾太过麻烦，吃鸡鸭没有气势，要想"扎台型"，还是大块牛肉最合适。《水浒》经常给人一种错觉：大宋完全是牛肉爱好者的天下。

·路易十四·

路易十四一顿饭可以吃下四盘汤、一整只野鸡、一只山鹑、一大盘沙拉、汤汁蒜香羊腿、两大片火腿、一整盘糕点，除此之外，还有水果和全熟煮鸡蛋。

·麦兜·

"我最喜欢吃鸡，我妈妈最喜欢吃鸡，我最喜欢和我最喜欢的妈妈一起吃妈妈跟我最喜欢的快快鸡（麦乐鸡）。"这是麦兜小朋友的自我介绍。

·潘金莲·

《金瓶梅》里，潘金莲、孟玉楼和李瓶儿三位佳人赌棋，赌注却拿来买了金华酒和一个猪头，也因此有了著名的"一根柴火烧出稀烂的好猪头"。

·阿加莎·

吃什么食物才能写出畅销书？在阿加莎的自传中，可以发现她的口味很单纯——喜欢肉和甜食，而这些偏好被原封不动地移植到了大侦探波洛身上。

·汪曾祺·

汪老说了："一个一年到头吃大白菜的人是没有口福的。"肥七瘦三的狮子头，瘦肉颜色殷红、肥肉白如羊脂玉，这才是正义。

·池波正太郎·

池波正太郎散步都离不开吃，去信州采风也不忘打卡三河屋的马肉刺身以及火锅、竹乃家的糖醋里脊、弥车的炸猪排。他是一个行走的美食家。

农民苏东坡的吃羊大计

文 / 李舒　插画 /Tiugin

爱吃羊肉的苏轼，生在这样的大宋，是幸运还是不幸呢？很难评价，因为，他这一辈子虽然爱吃羊肉，却多半时候都处在吃不起羊肉的困顿岁月里。

黄州好猪肉，
价贱如泥土。

苏东坡

苏轼的字可以换肉，苏轼自己却很少能吃到大块羊肉。到了惠州，生活条件更糟糕了，苏轼却马上给弟弟苏辙写信，弟弟啊，惠州这个地方呢，穷是穷一点，东西少是少一点，不过市场里啊，每天可以杀一只羊。苏轼是被贬斥的罪官，没有资格吃好的羊肉，于是就私下嘱咐杀羊人，别的没有，羊脊骨给我留一点呗。

如果想要发家致富，穿越去宋朝卖羊肉肯定是一条捷径。

因为宋朝人实在太喜欢吃羊肉了。这首先来自宋朝皇帝的"钦定"："饮食不贵异味，御厨止用羊肉。"宫里只吃羊肉，当然不仅仅是出于政治的考量，实在是因为——老赵家都太喜欢吃羊肉了。宋太祖是羊肉的拥趸，吴越王前来朝拜，太祖一时兴起，命御厨烹制南方菜肴招待贵宾。御厨很为难啊，为啥？因为宫里面除了羊肉，还是羊肉。宋真宗本来也特别爱吃羊羔肉，"御厨岁费羊数万口"，结果某次祭祀途中，"见一羊自掷于道左，怪而问之，左右曰：'今日尚食杀其羔。'真宗惨然不乐，自是不杀羊羔"。仁宗对羊肉的嗜好丝毫不逊真宗，到了什么地步？夜里睡不着觉。（"昨夜因不寐而甚饥，思食烧羊。"）

上行下效，从宫廷御膳到士人宴饮雅集再到民间饮食，吃羊肉简直成了一种时尚。在汴京，羊肉充斥着大街小巷的饭店酒肆："大凡食店，大者谓之'分茶'，则有头羹、石髓羹、白肉、胡饼、软羊、大小骨角、炙獐腰子、石肚羹、入炉羊罨、生软羊面……"到了南宋临安，杭州人依旧爱吃羊肉，"杭城内外，肉铺不知其几"，临安甚至出现了专门经营羊肉食品的大酒店："又有肥羊酒店，如丰豫门归家、省马院前莫家、后市街口施家、马婆巷双羊店等铺。"

爱吃羊肉的苏轼，生在这样的大宋，是幸运还是不幸呢？很难评价，因为，他这一辈子虽然爱吃羊肉，却多半时候都处在吃不起羊肉的困顿岁月里。

苏轼买不起羊肉，转而研究猪肉的一百种烧法："净洗铛，少着水，柴头罨烟焰不起。待他自熟莫催他，火候足时他自美。黄州好猪肉，价贱如泥土。贵者不肯吃，贫者不解煮。"（《猪肉颂》）还有两只一百钱的野鸡肉，这是偶尔才能为之的

奢侈品。锅烧热，入油，吱吱作响，把野鸡肉切成块放入，小火微煎，到鸡肉色泽金黄起锅，谁吃谁知道。作为撸串的师祖，种地到黄昏的苏轼，会在夜里约了朋友在坡上生起篝火，偷偷夜烤。撸串的肉是牛肉，虽来自邻居生病的黄牛，苏轼也不以为意。喝醉了，便在坡上打盹，城门关了回不去家，就翻翻墙头，或者索性扁舟江上，看看月亮，听听风声，反正——人生没有过不去的坎，虽然没有羊肉吃。

吃不起羊肉的不只苏轼，还有他那爱吃羊肉的朋友韩宗儒。韩小哥家里穷，买不起肉吃，有一日，他把苏轼写给他的信送给殿帅姚麟，居然换回了十几斤羊肉。韩小哥自从发现了这个好办法，简直开心得要疯，于是不断给苏轼写信，催促老苏回信。次数多了，终于有人告诉了苏轼，王羲之用字和道士换鹅，你的字被人拿去换羊肉了。

阳光灿烂的午后，美食研究者苏东坡开始了伟大的羊脊骨烹饪研究：把羊脊骨彻底煮透，浇上些酒，点盐少许，接着用火烘。这一步必不可少，为的是让咸鲜沁入，骨肉微微焦香。苏轼对弟弟说，哇，细佬啊，你晓得伐，这么吃羊骨头里的碎肉哦，吃起来像螃蟹哎！一切都很好，就是我的狗，对我很有意见。每次我都把骨头上的肉吃得过于干净，狗狗们都很不开心啊！

从1094年10月被贬居惠州，到1097年7月再度被贬海南岛上的儋州，苏轼在惠州一共待了900来天。在这900来天里，苏轼经历了偏僻，经历了凋敝，他最爱的小妾朝云在这里病逝，但他依旧坚强地活着，三五日吃一次羊脊骨，津津乐道于改进羊肉的吃法：杏仁茶和羊肉同煮，口感更佳；要去除膻味，可以在羊肉里加一点胡桃……他的心里并非没有悲伤，只是他更愿意把光明带给身边的所有人，除了那几只吃不到羊肉不开心的狗。

浙江人鲁迅的恋"腿"癖

文 / 李舒 插画 /Tiugin

作为一个典型的浙江人，鲁迅对于火腿的热爱简直可以称为"民国第一"。

听说明天要吃蒋腿了，但大约也是蒸。

鲁迅

鲁迅爱下馆子，当然和他的高收入有关，据陈明远在《文化人的经济生活·鲁迅生活的经济背景》中说："鲁迅在上海生活的整整九年间（1927年10月~1936年10月）总收入为国币78000多圆，平均每月收入723.87圆（约合今人民币2万元）。"

如果民国要评选美食达人，周树人一定可以靠着经验值排名前三。看《鲁迅日记》，1912年5至12月份，这位爱吃北方饭的绍兴人下了30多次馆子，去得最多的是绍兴会馆附近的广和居，达20多次。

鲁迅的口味，并不偏向南方。广和居、致美楼、便宜坊、集贤楼、览味斋、同和居、东兴楼、杏花村、四川饭店、中央饭店、广福楼、泰丰楼、新丰楼、西安饭店、德国饭店……统统留下了他的足迹。对于家乡菜，鲁迅有一种很奇怪的矛盾感。他的原配夫人朱安做饭其实很好，在他们家吃过的人都说"师母会做很多家乡菜"，可是鲁迅却经常批评，比如朱安喜欢用霉干菜，口味比较单一。但另外一方面，他也有自己特别喜欢的浙江食材，比如火腿。

作为一个典型的浙江人，鲁迅对于火腿的热爱简直可以称为"民国第一"。在写给许广平的信里，他抱怨说："云南腿已经将近吃完，是很好的，肉多油也足，可惜这里的做法千篇一律，总是蒸。听说明天要吃蒋腿了，但大约也是蒸。"鲁迅在北平做"北漂"的时候，常常向不熟悉火腿的北京人介绍火腿的一百零一种做法，最常做的是"干贝炖火肉"，他曾对北大教授川岛（原名章廷谦）说："干贝要小粒圆的才糯。炖火腿的汤，撇去浮油，功用与鱼肝油相仿。"

大约知道鲁迅爱吃火腿，朋友们也经常赠送此物。比如1912年12月30日的日记里，便有"夜铭伯以火腿一方见贻"。第二年2月10日，又收获"火腿一块"。自己家乡寄了火腿来，鲁迅同样送给朋友。当然，鲁迅和火腿最著名的故事还是那个至今莫衷一是的"送火腿给毛主席"传说。根据1968年冯雪峰写的回忆材料，在鲁迅逝世前不久，"即1936年10月初或9月底，我（指冯雪峰，下同）曾由交通送一只金华火腿（鲁迅送给主席的）三罐或五罐白锡包香烟（是我送给主席的），一二十条围巾（我为中央领导同志买的）到西安转延安……我一到延安就知道火腿和纸烟都没有送到，只有围巾是送到的。我见到主席时，主席只说他知道鲁迅送火腿的事情。张闻天对我说过，火腿和纸烟都给西安他们吃掉了，围巾是送到的。"不过，冯雪峰的秘书周文则回忆，火腿最终送到了延安，毛泽东见到很高兴："可以大嚼一顿了。"随即将火腿切成许多块，分给大家享用，火腿对于延安的绝大多数人来说当然是稀罕物。不过，在长征的时候，红军曾经在云南宣威弄到大批火腿。李一氓回忆："炊事班把它剁成块状，放进大锅，掺上几瓢水，一煮。结果火腿肉毫无一点味道，剩下一大锅油汤。有的同志很精，申明不向公家打菜，分一块生火腿，自己拿去一蒸，大家这才知道宣威火腿之所以为宣威火腿也。在这点上，萧劲光同志收获甚大，他的菜格子除留一格装饭之外，其他几格全装了宣威火腿。"

可是北京人对火腿还是不太买账，他们觉得火腿更多是一种"吊出鲜味"的配料，比如袁世凯每顿爱吃的炖白菜，都要用火腿末作陪。张伯驹因为在唐鲁孙家做客，吃到一道火腿炒豆腐渣，馋得一塌糊涂，隔天就派人送了一整只蒋腿去唐家，请唐家的厨子再做一次炒豆腐渣，盐业银行副总经理韩颂阁笑评为："俗语有句吃豆腐花了肉价钱，今天我们吃豆腐渣花了火腿价钱。"最夸张的例子是张伯驹在《春游纪梦》说的，捐班出身的湖北汉阳知县裴行恕为了夸耀显赫，自己发明了一道创意菜"火腿豆芽"，做法是"拣肥嫩绿豆芽，选上等云南及金华火腿，蒸熟切成细丝，以针线引火腿丝贯于豆芽内煮之"。本来看吃必饿的我，看到这里毫不动摇，这道菜必然不会好吃。

"大胃王"路易十四

文 / 艾微 插画 /Tiugin

如日中天的法国国王路易十四被誉为"太阳王"。而在背地里，人们赠予他另一个绰号——"大胃王"。

让我们分享国王所赐的肉吧！

路易十四

让我们来看看 1662 年的一份菜单感受下：

第一道　主盘：炖肉，通常是塞满香料的鸭子、山鹑或是鸽子等等

　　　　头盘：山鹑配卷心菜，鸭肉，冻鸡肉，菲力牛排配黄瓜

　　　　开胃菜：热烤鸡

第二道　主盘：四分之一只小牛肉

　　　　烤肉：两只母鸡和四只兔子

　　　　开胃菜：两份沙拉

第三道　主盘：山鹑派

　　　　中盘：蔬菜和水果

　　　　开胃菜：烤羊睾丸；烤牛肉，缀以牛腰、洋葱和奶酪

甜点：　糕点，草莓和奶油，全熟煮鸡蛋

路易十四是法国在位时间最长的国王。他在位期间，法国的国力空前强大。除了安邦治国，在吃这方面，路易十四也可谓从小就天赋异禀。

据说，他在婴儿时期就对吃表现出了异于常人的兴趣。他的第一个奶妈伊丽莎白·昂塞尔因为他的贪吃而精疲力竭，在不到三个月的时间里，就由于乳房被小路易的门牙咬伤而不得不"下岗"。在此之后，有 8 个奶妈前赴后继，满足小路易的好胃口。

等到路易十四成年之后，因为日理万机，他需要进补大量食物，他的胃口之佳、食量之惊人，更可以说是前无古人。路易十四或许可以说是"直播吃饭"的第一人。他经常公开进食，以证明自己体力充沛。

于是，观看国王路易十四用餐，成了当时十分流行的一件大众消遣活动。所有穿着得体的人都能够被允许参观。圣西蒙公爵在凡尔赛宫住了二十年，晚年写回忆录记载了在宫廷中的见闻。他说路易十四"从来不知道什么叫作'饿'，但是他只要喝下一勺汤便会胃口大开。无论是在早晨还是夜晚，他吃起来食量惊人，蔚为壮观，以至于看他吃东西从来不会让人感到厌倦"。

晨起简单进食后，路易十四在一天当中有两顿大餐。午餐在下午 1 点开始，被称为"小食"(le petit couvert)。晚餐在晚间 10 点，被称为"大食"(le grand couvert)。据说，大小之分并非根据食物的多少，而是围观群众的多寡。

午餐的菜单根据季节的转换而不断变换。头盘通常是各种不同的汤品，然后依次是野鸡肉、鸡肉、羊肉、肉汁、火腿、煮鸡蛋、沙拉、糕点、新鲜或糖渍的水果……国王一个人能把这些食物全部吃完。

路易十四无疑是肉类爱好者。肉汤是最受他欢迎的菜肴之一，由一大盘肉跟蔬菜炖制而成。由于肉汤受到青睐，当时有 150 多种不同的菜谱。此外，禽类在路易十四的日常膳食中占据了相当大的比重。在宫廷内，有专人负责豢养野鸡、孔雀等飞禽。当然，路易十四也很注重荤素搭配。据称，他很喜欢吃谷物、蔬菜和水果，比如豌豆、芦笋、草莓等等。更为隆重的筵席还在后头。吃晚餐是路易十四在一天当中最为喜爱的时刻。

路易十四的弟媳帕拉丁夫人见证了他的食量，她说："他（路易十四）可以吃下四盘汤、一整只野鸡、一只山鹑、一大盘沙拉、汤汁蒜香羊肉、两大片火腿、一整盘糕点，除此之外，还有水果和全熟煮鸡蛋。"

路易十四吃得是那么专注。他的第二任妻子曼特农夫人日复一日穿着镶有宝石的华美衣裙坐在他身边，他却仿佛视而不见，甚至都懒得说一句话，眼里只有各种肉。如此种类繁多、数量丰厚的肉是财富的象征，国力的象征。

如果路易十四举行招待晚宴，在正式用餐前要举行就餐仪式。当所有来宾站在桌前等候的时候，王宫总管会高喊一声："让我们分享国王所赐的肉吧！"随即用一根金百合装饰的簧管吹出几个音调，宣告晚宴正式开始。可见肉是多么的重要和喜闻乐见。

为了让国王吃得开心，宫廷内足足有 324 人各司其职、全方位伺候着国王的饮食。在日复一日的大快朵颐中，路易十四发展出了繁复的宫廷用餐礼仪，他无疑是法国大餐最重要的奠基人之一。而对于路易十四来说，更重要的是，王室用餐的奢华和仪式感是君主集权统治的至高象征。

据说路易十四死后，医生检查他的肠胃，发现其胃容量大概有常人的两倍大。他是个名副其实的"大胃王"。

单纯的人，多吃一块鸡

文 / 蒋小娟 插画 /Tiugin、蔓蔓

在麦兜的世界里，人生就算再困顿，没有鱼蛋也没有粗面，可至少还有一块鸡。

麦兜

这位臀肉结实，功课马虎的港产小猪，分不清 Umbrella（雨伞）和 Banana（香蕉），却将舒伯特 F 小调第 3 号作品唱得行云流水，并且填上了自己的歌词，我们将之命名为《麦兜与鸡》，这首歌赞颂了鸡肉包、碟鸡饭、啫啫鸡、四宝鸡扎、豉油皇鸡翼，它为一切鸡肉料理献上赞美！

"我最喜欢吃鸡，我妈妈最喜欢吃鸡，我最喜欢和我最喜欢的妈妈一起吃妈妈跟我最喜欢的快快鸡（麦乐鸡）。"这是家住香港九龙大角咀，春田花花幼稚园猪样小朋友麦兜的自我介绍。

香港的饮食属于粤菜一脉，同广东一般同属吃鸡重镇，兼中西混杂，家常鸡肉料理数不胜数。所以，春田花花幼稚园的小朋友们有如下世界观也不足为奇："得巴问麦唛：'先有鸡先有蛋？'"麦唛沉吟半晌，问："你说的是盐焗还是卤水啊？"

放了学大家结伴去茶餐厅加餐，没有鱼蛋，没有粗面也没关系，茶餐厅里提供的款式相当广泛。进门奉一杯粗糙的茶水；餐牌永远压在台面玻璃下；A餐总是火腿通粉／香肠／蛋，咖啡或茶；跑堂伙计说着茶餐厅黑话，又急又凶……在这里，爱吃鸡的麦兜大可点上一份煎鸡排、油鸡腿、瑞士鸡翼，或是北菇滑鸡煲仔饭，当然伙计必然会凶巴巴地警告你："煲仔饭要等噢。"

有人问过，麦兜系列的创作者谢立文与麦家碧到底在其中埋了多少食物？还真是算不过来。连光头校长训话，开口便是"蛋挞""荔芋火鸭扎"，潮州口音铿锵有力，校长业余还经营德和烧味……香港人对食物的深厚感情，与时代记忆骨肉相连。香港人自己说，我们的根在茶餐厅。

麦兜出生在一个生活不算宽裕，甚至有一些困窘的单亲家庭。他资质平平，懵里懵懂，虽然用功读书，但是连"orange"（橙子）都拼不对；去长洲拜师学滑浪风帆，想将来夺得奥运金牌，结果糊里糊涂地去学了抢包山。屡战屡败的麦兜，成绩始终难看，叹气之余，麦太还是奖励了他一个鸡腿："不要紧了，你吃鸡吧。以后你叻仔（有出息）最好，如果真的不叻仔，我们两母子，多吃块鸡。"小时候的苦恼不过是考试，长大了才发现大千世界如同斗兽场，辛苦谋生，汲汲营营，撑

不下去时总能加个鸡腿，宛如日常生活的微小仪式，给自己打气。

鸡肉价平，被称为穷人的蛋白质，而它偏偏又甚好料理，与各种食材都相得益彰，哪怕只有葱、姜、水，也可以烹出一只玉树临风的白鸡。而广式烧味铺子更少不了一味玫瑰豉油鸡，其鲜美全赖调味的酱油、冰糖、玫瑰露酒。香港人还发明了跟瑞士毫无关系的瑞士鸡翼，所用的"瑞士汁"实际上是中式酱油混合各种香料的一种甜味卤水。这道菜可谓香港"豉油西餐"（改良式、不地道的西餐）的代表作，也充分印证了吃鸡重镇思路之广。

而万能妈妈麦太，还将这般开阔的思路引入了火鸡料理。某年圣诞，麦太为了实现麦兜多年的心愿，斥"巨资"购入一只火鸡。麦兜的第一口火鸡，浓烈盛大，火鸡的香气在每一个味蕾里跳跃闪烁。"上升的白烟连同升起的香味混合在一起，微波炉里发出嘶嘶嚓嚓的声音，就好像天使给我们的福音。"只可惜，为了物尽其用，麦太将这只火鸡从圣诞吃到了端午，诞生了诸如千岛汁火鸡老抽和节瓜、银芽火鸡丝炒米、花生火鸡骨煲粥、虾米火鸡丝煮节瓜等辉煌菜式。直到端午节那天，麦兜剥开粽子，在咸蛋黄的旁边发现一粒火鸡肉……终于受不了，哭了起来。麦太默默地丢掉了剩下的，火鸡的灵魂终得安息。

你看，人生就是一场尴尬，像一只冰了半年的火鸡。然而为了第一口火鸡的浓烈与盛大，我们依然热爱它。

而屡战屡败、屡败屡战的麦兜，依然可以没心没肺地高唱"All things bright and beautiful"（一切光明美好）。这样也很好，就像谢立文在《麦兜响当当》中所写的："我们总希望单纯的人可以成功，但单纯的人往往失败。但单纯的人，你最好成功，否则的话，我们一起，多吃块鸡。"

美人卷帘吃猪头

文 / 李舒　插画 /Tiugin

《金瓶梅》常年被认为是一本小黄书，但实际上，称呼它为美食小说也无不可。《金瓶梅》里的女人，不仅爱吃，也会做，比如，这个著名的猪头。

一根柴火烧出稀烂的好猪头。

潘金莲

这个猪头实在太著名了，成书以来，从晚明到清乃至民国，提起它的人、想念它的人不胜枚举。据说，当年社科院文学所的某研究员给投考他名下的硕士研究生出了道题："《金瓶梅》人物中，谁用一根柴火烧烂了一个猪头？"

我喜欢看《金瓶梅》，因为里面的美人是生活化的。《红楼梦》里，芳官看了"虾丸鸡皮汤"和"酒酿清蒸鸭子"就皱眉头说"油腻腻的，谁吃这些东西"，馋人如我，恨不得跑到书里去，大喝一声："油腻你个大头鬼，不吃给我！"

而《金瓶梅》里，潘金莲、孟玉楼和李瓶儿三位佳人赌棋，李瓶儿输了后，三个人居然商量着拿赌注买了金华酒和一个猪头，让宋蕙莲去做最著名的"一根柴火烧出稀烂的好猪头"。

猪头是宋蕙莲做的，然后这功劳却要记在小潘潘头上。正月里，主人和主妇出门走亲戚，金莲、玉楼和瓶儿三个人在房里下棋，玉楼提议输了的要出钱，分明是针对李瓶儿——以金莲和玉楼的聪明，李瓶儿的这盘棋，必输无疑。

金莲的提议实在别致，"赌五钱银子东道，三钱银子买金华酒儿，那二钱买个猪头来，教来旺媳妇子烧猪头咱们吃。说他会烧的好猪头，只用一根柴火儿，烧的稀烂。"下棋的是美人，商议吃猪头的也是美人。这是《金瓶梅》作者的高明之处，这不是官宦家的美人，是商人家的美人，虽然有点粗俗，却委实鲜活。

细心的玉楼故意问："大姐姐不在家，却怎的计较？"自从李瓶儿嫁进来之后，玉楼和金莲总是形影不离，貌似结盟，玉楼却比金莲更聪明。连吃个猪头，都不忘了礼数。金莲心大，只说："存下一分儿，送到他屋里，也是一般。"

果然，李瓶儿输了，这个书里最诱人的猪头，终于激动人心地呈现在了我们面前：

"（宋蕙莲）舀了一锅水，把那猪首蹄子剃刷干净，只用的一根长柴火安在灶内，用一大碗油酱，并茴香大料，拌着停当，上下锡古子扣定。"不用两个小时，一个油亮亮、香喷喷、五味俱全皮脱肉化的红烧猪头就可出锅了。再切片用冰盘

盛了，连着姜蒜碟儿送到了李瓶儿房里，三个美女居然就着酒，吃完了一整只猪头。看这段描写简直可以就两碗米饭，唐鲁孙后来也仿效了一回，只是用溏心鲍配着烧猪头，更加浮夸。

两个小时就能把猪头烧烂，一来在于灶头火旺，二来确实是蕙莲的本事。她用"锡古子"扣定，是为了让锅内的高温蒸汽不散发。"锡古子"是何物？《金瓶梅大辞典》释义为："有合缝盖子的锡锅，上下相合，圆形如鼓，应作'锡鼓子'。"有四川朋友告诉我，四川方言里也有"古子"（应写作'盬子'），一般多指盛食物用的器皿，其状为"鼓形"，过去多为土陶、搪瓷制品。从文中看，这"锡古子"也许就是明朝的高压锅吧。

宋蕙莲这个姑娘，品位不高，喜欢穿"怪模怪样"的红绸对襟袄和紫绢裙子，但做饭手艺委实高超。她原本是卖棺材的宋仁的女儿，先前卖在蔡通判家里，和夫人合伙偷汉子，结果被赶了出来，嫁给了厨子蒋聪。蒋聪死后，月娘又把她嫁给了来旺儿。烧猪头的本事，应该是跟前夫蒋聪学的。

在整本书里，宋蕙莲出现不过短短五回，西门庆霸占的女子，蕙莲不是第一个，也不是最后一个。金莲先肯容她，还为她和西门庆的偷情打掩护，然而蕙莲居然第一个嘲笑的就是金莲，理由是自己的脚更小一些。和西门庆苟且的时候，也只有蕙莲，想到的是和西门庆要钱要衣服要首饰，甚至要香茶饼（明朝口香糖）！

可也是这个蕙莲，在丈夫来旺儿被西门庆逼死之后，居然上吊死了。一个一辈子惯于偷汉的妇人，居然这样贞烈。这样复杂的人物，大概只有《金瓶梅》里才有，"看不出他旺官娘子，原来也是个辣菜根子，和他大爹白搽白折的平上"。

我始终对这个烧猪头的宋蕙莲，存着一丝敬意。

《红楼梦》里的鹿肉派对，你想参加吗？

文 / 李舒 插画 /Tiugin

《红楼梦》里，最不想吃的是贾母的小厨房：蒸羊羔、鹿肉、野鸡汤……似乎都是孩子们吃不得的高级滋补食材。相比之下，还不如去吃薛姨妈的"糟鹅掌鸭信"。不过，当鹿肉变成了BBQ（烧烤），气氛一下子年轻起来，我始终觉得，这才是真正的诗和远方。

二哥哥，
我们去吃鹿肉！

史湘云

在众多的鹿制品中，最流行的当属鹿尾，康熙年间，"京师宴席最重鹿尾，虽猩唇、驼峰，未足为比"。到了乾隆年间，一度请客吃饭"不甚重熊掌、猩唇，而独贵鹿尾"。

83 版电视剧《红楼梦》给我带来的最大美食震撼，不是花里胡哨加工十八道的茄子，也不是芳官嚷着嫌腻的胭脂鹅脯，而是雪天里史湘云和贾宝玉的烤鹿肉——"他两个再到不了一处，若到一处，生出多少事来。这会子一定算计那块鹿肉去了。"大观园内群芳景致，到了这一场，绝对是高潮。单看大雪中众人的服色，已经是一道独特风景，再加上烤鹿肉的生猛，连曹公自己都得意非常，把这一回取名为"琉璃世界白雪红梅，脂粉香娃割腥啖膻"。

这并不是《红楼梦》里第一次提到鹿肉，之前开诗社，大家起笔名。探春说要给自己起名叫"蕉下客"，林妹妹立刻由此想到"蕉叶覆鹿"，于是让大家把她烤了下酒吃。不过，如此大张旗鼓地搞户外烤肉派对，确实少见，连见惯了大世面的凤姐来了，都忍不住说："吃这样好东西，也不告诉我！"

李时珍曾记载，食用鹿肉的最佳时间是"九月以后，正月以前"，"他月不可食"，《红楼梦》里的姐妹们在入冬第一场雪吃鹿肉，正当时。鹿肉是好东西，却不能常吃。事实上，以鹿肉为贵，是清代才有的习俗——满人入关之前，滋补的鹿肉是他们抵御寒冬最佳的补品，努尔哈赤和他的将领们曾经不止一次地在夜里生着篝火烤鹿肉。入关之后，清廷的鹿肉都由东三省进贡，称为"进鲜"。在东三省的鹿肉进贡中，黑龙江的鹿肉进贡实际较少，盛京和吉林是主要的鹿肉进贡地。盛京每年有三次进鲜、三次鹿贡，所进物品都以鹿肉为主。盛京将军请安、盛京内务府佐领请安，也要交鹿。将军请安，交鹿尾 50 个、鹿舌 50 个、汤鹿 10 只、鹿大肠 4 根、鹿盘肠 8 根、鹿肚 4 个、鹿肝肺 4 分、鹿 10 只、鹿肠 12 根；佐领请安，交鹿尾 40 个、汤鹿 20 只。（《盛京通鉴》卷 2，台北文海出版社 1967 年版，第 57—62 页。）这只是日常进贡，如果遇到接驾或者恭贺宫里万寿，还会额外进贡鹿制品，如梅花鹿、角鹿、鹿羔、鹿羔皮、晒干鹿尾、晒干鹿舌……

道光时期的官员梁章钜曾为军机章京，入值枢禁，难免劳累，于是让家厨子给自己烹调鹿尾。做好之后，梁夫人亲自操刀细切，足见对这种食材的珍视。京城居住的旗人到了过年，都要买年菜，其中也有鹿肉，所谓"鳇鱼鹿肉又汤羊，年菜家家例有常"。

但这种爱好似乎一直只在旗人之间和京师流行。江南美食家袁枚就曾经提出，鹿尾虽然好吃，"然南方人不能常得，从北京来者又苦不鲜新"。鹿尾的运输似乎一直是大问题，据说一旦久放，就"油干肉硬，味不全矣"——所以，贾母特意告诉贾宝玉，强调"今天有新鲜鹿肉"。曹雪芹家一定是吃过鹿肉的，因为康熙年间，担任苏州织造的李煦曾经进呈尝鲜的江南鲜果与露酒，康熙回赠的，便是鹿肉条和榛子等——李煦的妹妹是曹雪芹爷爷曹寅的妻子。

这样珍贵而传奇的鹿肉，我一直无缘得见，到了北京，有一回有人在"烤肉季"宴请，店里有一盘鹿肉笋尖，价格不菲。我厚着脸皮点了，上桌之后，忽然发现吃起来毫无滋味，只是有嚼劲。反而一次在巴黎，被侍者安利了一次红酒烩鹿肉，选用的是印度花鹿，生肉呈深红色，上桌之后，吃起来非常柔和，且几乎没有多余的脂肪，但最后结账时看到账单，颇为心惊，从此再也不敢随便点鹿肉了。

看来，对于鹿肉的态度，我始终和林妹妹一样，只能远观，无法欣赏。

参考文献：杨春君，《民族与时尚：清代的鹿肉消费及其特征》，《安徽史学》。

108 位大宋通缉犯与牛肉的谣言

文 / 蒋小娟　插画 /Tiugin

如果没有牛肉，施耐庵怎么写得出《水浒传》？

切二斤熟牛肉来！

武松

也许是《水浒传》里的熟牛肉太过深入人心，后世小说写到侠客，总也逃不出大碗喝酒大块吃肉的套路。《神雕侠侣》里，风陵渡口那一夜，郭襄小姑娘拔下头上的金钗换酒："店小二，再打十斤酒，切二十斤牛肉，我姊姊请众位伯伯叔叔喝酒，驱驱寒气。"长夜萧萧，对于江湖客来说，有什么比大块牛肉更能安抚脏腑，更方便彼此分享呢？

《水浒传》是一本牛肉味的书。施耐庵不爱写食物，通篇不过寥寥几十处，而且看起来几乎一样：

武松拿起碗一饮而尽，叫道："这酒好生有气力! 主人家，有饱肚的，买些吃酒。"酒家道："只有熟牛肉。"武松道："好的切二三斤来吃酒。"

林冲又问道："有甚么下酒?"酒保道："有生熟牛肉、肥鹅、嫩鸡。"林冲道："先切二斤熟牛肉来。"

熟牛肉熟牛肉熟牛肉，施耐庵大人，您是在复制粘贴吗?!

确实，读《水浒传》经常给人一种错觉——大宋完全是牛肉爱好者的天下。这太让人迷惑了，毕竟在忠实记录汴京风物的《东京梦华录》中，作者孟元老回望故国，流着口水报菜名，铺天盖地的"两熟紫苏鱼、假蛤蜊、白肉夹面子、茸割肉、胡饼、汤骨头、乳炊羊……"写遍了汴京的酒肆茶楼、肉行鱼行饼店，鸡鸭鹅鹌鹑、猪羊獐子应有尽有，还吃可爱的兔兔，就是不见牛肉。

要知道，《东京梦华录》描述的是宋宣和年间京师盛景，而宣和正是宋徽宗的年号，就是《水浒传》中那位夜会李师师的风流皇帝。两本书的时代背景严丝合缝，但在食物的记述上却相去甚远。若说可信，当属《东京梦华录》，因为有大宋律法为证，《宋刑统》明确有"诸故杀官私牛者，徒一年半"，"主自杀牛马者徒一年"的法条。农耕社会，耕牛地位尊崇，受官府保护。牛有户口（牛籍），生老病死都记录在册，要宰杀老迈或病残的耕牛先得去官府注销户口，不能随随便便吃牛，杀牛卖肉多为黑市交易。

那为何施耐庵笔下的好汉偏偏中意吃牛肉呢? 一种说法是，施耐庵毕竟是元朝人，蒙古人爱吃牛羊肉，毫不忌讳。另一种说法是，《水浒传》本是一个造反的故事，梁山好汉落草为寇，越是官府严禁的他们越是要触犯。施耐庵这样写才符合人物的身份。更何况，身为粗豪侠义的好汉，吃鱼虾太过麻烦，吃鸡鸭没有气势，要想扎台型，还是大块牛肉最般配。

在真实的大宋生活，羊肉才是菜单上的大明星，北宋的宫廷御宴主打羊肉菜，因为嫌弃猪肉，牛肉又不能吃，能做硬菜担当的只有羊肉了。权贵阶层热爱羊肉，偏偏北宋又不产羊，所以羊肉价贵，并非平民阶层能消费的。《水浒传》中，黑旋风李逵就因为店小二表示店中只卖羊肉而大为光火，觉得店小二狗眼看人低，欺负他吃不起羊肉。实际上北宋中叶，朝廷每年要花四十万贯从契丹买羊，主要供宫廷之用，余下的拿到市场上高价出售。传说宋太宗时从西夏买了羊羔，运到河北放牧，结果小羊羔啃光了农田里的秧苗，朝廷算了笔账，自主养羊还是不如进口。

羊肉这么贵，民间免不了暗度陈仓地偷吃牛肉。北宋极其富庶，耕牛充足，所以官府对民间偷偷宰牛也睁一只眼闭一只眼。这才会有《水浒传》里店家口中的"新宰得一头黄牛，花糕也似好肥肉"——老迈的黄牛绝无可能有这般肥美肉质。

梁山好汉个个爱吃牛肉，也不挑剔，只求个饱腹充饥。要我说，全书最懂牛肉的还是母夜叉孙二娘。她在十字坡用蒙汗药迷倒武松一行，查验了下货色，喜不自胜："你这鸟男女只会吃饭吃酒，全没些用，直要老娘亲自动手! 这个鸟大汉却也会戏弄老娘! 这等肥胖，好做黄牛肉卖。那两个瘦蛮子只好做水牛肉卖。"

黄牛肉当然与水牛肉不可同日而语，必须得是武松这等好货才能充得。母夜叉此举可真是货真价实，童叟无欺了。

推理女王可不是吃素的

文 / 蒋小娟 插画 /Tiugin

不爱吃肉怎么写得好谋杀案？看她的自传，可以发现阿婆的口味其实很单纯——喜欢肉和甜食。

英国人没有什么美食，只有食物。

阿加莎

阿婆爱吃，她在自传中就写过"我喜欢阳光、苹果、几乎任何音乐、列车数字游戏、任何有关数学的东西；喜欢航海、洗澡和游泳；我好沉默、睡觉、做梦、吃东西，喜欢咖啡的味道、山谷中的百合花、狗；喜欢看戏"。

对于英国菜，大侦探波洛有一段光芒四射的吐槽："英国人没有什么美食，他们只有食物。肉烤得太熟了，蔬菜太软了，奶酪完全不能吃。等英国人开始生产酒的时候，我就打算回比利时了。"

针针见血，不愧是食物鄙视链上层的法语区人民。这位有着蛋形头颅、引以为傲的八字胡，衣着讲究，总穿着闪亮漆皮鞋的小个子老头，搭过东方快车，乘过尼罗河邮轮，以密室推理法行走江湖。而创造这一切的阿加莎·克里斯蒂，被书迷们亲切地称作"阿婆"，是推理小说的祖奶奶，也是作家们必须群起转发的锦鲤——她的书足足卖了10亿册，是至今无人超越的销量纪录。

生长在黑暗料理大国，喜欢吃东西的阿婆一直不遗余力地吐槽英国食物，除了借波洛之口，她在自传里也常常讥讽一番：有次她坐船从意大利去希腊，船上的羊排异常可口，但意大利主厨担心她吃不惯，说可以做英国菜给她吃。阿婆慌忙摇头，内心很崩溃，"但愿他别到英国来，以免他看到真正的英国饭菜"。

看她的自传，可以发现阿婆的口味其实很单纯——喜欢肉和甜食，而这些偏好被原封不动地移植到了波洛身上。别看大侦探查案时冷静睿智，一到饭点儿，常常被英国菜气得想回比利时。虽然每天早上傲娇地坚持要吃欧陆式早餐——咖啡配牛角包，波洛还是承认：比起英国的晚餐，英式早餐倒也算差强人意。

英国人热衷的英式早餐曾被小清新爱好者吐槽为"油炸食品开会"，确实也没错……但在英国这样寒冷的岛国，早上不吃一大份热腾腾的培根、炒蛋、黑布丁（血肠），如何去打败窗外的凄风苦雨？反而南欧人民更习惯吃火腿冷切，西西里阳光灿烂，何必费事一大早开灯点火。

开玩笑地说一句，还有什么比一顿英式早餐更适合杀人凶手？阴雨天出门作案，必须得有这么一顿高蛋白、低碳水的早餐打底。既能给作案提供充分体力，又能保证不让过高的碳水化合物妨碍注意力集中……话说回来，英国人民对犯罪小说的热爱深入骨髓。他们从来不崇尚轻松快乐，他们更倾向于在侦探小说、政治丑闻与黑色笑话里找乐趣。在这个阴雨气质的国家，早起不吃点肉真的是撑不下去。

她也极热爱旅行，她最精彩的小说大部分是从旅行中获取的灵感。她搭乘东方快车横穿欧亚："列车每停靠一站，我都环顾站台，观看人们各式各样的服装，乡下人在站台上挤来挤去，把不曾见过的熟食卖给车上的乘客。烤肉串、包着叶子的食物、涂得五颜六色的鸡蛋，应有尽有。列车越往东行，膳食变得越难以入口，顿顿都是一份油腻而无味的热饭。"

"油腻而无味的热饭"应该是中东地区常见的手抓饭。但阿婆显然没有把她真实的经历写进小说，出于一种弥补心理，她给餐车配了清炖小鸡、清蒸鱼之类的硬菜。可能在阿婆心中，东方快车多少是大欧洲旧梦的投影，美食美酒、衣香鬓影，才最适合发生扑朔迷离的谋杀——描写"人性的恶"，处理得越是优雅凝重就越是暗流汹涌。

评论家说阿婆是个老派的人，她相信这个世界应该有一个秩序，好人有好报，坏人有坏报。所以她的笔下很少有人性的复杂灰色，总是非黑即白。她固守的是已经分崩离析的老欧洲的道义信条。那是茨威格在《昨日的世界》里念念不忘的欧洲，也是安德森在《布达佩斯大饭店》里一再缅怀的欧洲。细想来，片中对大饭店经理古斯塔夫先生的定义，套在阿婆身上也再合适不过了：

"其实那个昨日的世界，在她进入之前就不存在了，而她有幸依靠幻想，优雅地在那里度过了一生。"

肉食者不鄙

文 / 汪曾祺 插画 /Tiugin、柚子沫

汪曾祺先生曾经说，人对于食物要宽容一点，不要这个不吃那个不吃，应该长期保持兴趣，什么都尝一尝。这篇《肉食者不鄙》，是汪先生的肉食料理指南。

吃肉，
一般是要喝酒的。

汪曾祺

一句"曾经沧海难为水，他乡咸鸭蛋，我实在瞧不上"，让广大爱吃群众记住了高邮咸鸭蛋，也记住了来自高邮的汪曾祺。汪曾祺的爱吃，在现代文学史上是出了名的，身为文坛上的美食家，汪老谈吃并不晦涩，他笔下的食物是好玩的、有烟火气的。肉食者从"鄙"到"不鄙"，就是汪曾祺式的谈吃。

狮子头

狮子头是淮安菜。猪肉肥瘦各半，爱吃肥的亦可肥七瘦三，要"细切粗斩"，如石榴米大小（绞肉机绞的肉末不行），荸荠切碎，与肉末同拌，用手传成招柑大的球，入油锅略炸，至外结薄壳，捞出，放进水锅中，加酱油、糖，慢火煮，煮至透味，收汤放入深腹大盘。

狮子头松而不散，入口即化，北方的"四喜丸子"不能与之相比。

周总理在淮安住过，会做狮子头，曾在重庆红岩八路军办事处做过一次，说："多年不做了，来来来，尝尝！"想必做得很成功，因为语气中流露出得意。

我在淮安中学读过一个学期，食堂里有一次做狮子头，一大锅油，狮子头像炸麻团似的在油里翻滚，捞出，放在碗里上笼蒸，下衬白菜。一般狮子头多是红烧，食堂所做却是白汤，我觉最能存其本味。

镇江肴蹄

镇江肴蹄，盐渍，加硝，放大盆中，以巨大石块压之，至肥瘦肉都已板实，取出，煮熟，晾去水气，切厚片，装盘。瘦肉颜色殷红，肥肉白如羊脂玉，入口不腻。

吃肴肉，要蘸镇江醋，加嫩姜丝。

乳腐肉

乳腐肉是苏州松鹤楼的名菜，制法未详。我所做乳腐肉乃以意为之。猪肋肉一块，煮至六七成熟，捞出，俟冷，切大片，每片须带肉皮、肥瘦肉，用煮肉原汤入锅，红乳腐碾烂，加冰糖、黄酒，小火焖。乳腐肉嫩如豆腐，颜色红亮，

下饭最宜。汤汁可蘸银丝卷。

霉干菜烧肉

这是绍兴菜，全国各处皆有，但不似绍兴人三天两头就要吃一次，鲁迅一辈子大概都离不开霉干菜。《风波》里所写的蒸得乌黑的霉干菜很诱人，那大概是不放肉的。

东坡肉

浙江杭州、四川眉山，全国到处都有东坡肉。苏东坡爱吃猪肉，见于诗文。东坡肉其实就是红烧肉，功夫全在火候。先用猛火攻，大滚几开，即加作料，用微火慢炖，汤汁略起小泡即可。东坡论煮肉法，云须忌水，不得已时可以浓茶烈酒代之。完全不加水是不行的，会焦煳粘锅，但水不能多。要加大量黄酒。扬州炖肉，还要加一点高粱酒。加浓茶，我试过，也吃不出有什么特殊的味道。传东坡有一首诗："无竹令人俗，无肉令人瘦，若要不俗与不瘦，除非天天笋烧肉。"未必可靠，但苏东坡有时是会写这种打油体的诗的。冬笋烧肉，是很好吃。我的大姑妈善做这道菜，我每次到姑妈家，她都做。

黄鱼鲞烧肉

宁波人爱吃黄鱼鲞（黄鱼干）烧肉，广东人爱吃咸鱼烧肉，这都是外地人所不能理解的口味，其实这种搭配是很有道理的。近几年因为违法乱捕，黄鱼产量锐减，连新鲜黄鱼都很难吃到，更不用说黄鱼鲞了。

火腿

浙江金华火腿和云南宣威火腿风格不同。金华火腿味清，宣威火腿味重。

昆明过去火腿很多，哪一家饭铺里都能吃到火腿。昆明人爱吃肘棒的部位，横切成圆片，外裹一层薄皮，里面一圈肥肉，当中是瘦肉，叫作"金钱片腿"。正义路有一家火腿庄，专卖火腿，除了整只的、零切的火腿，还可以买到火腿脚爪、火腿油。火腿油炖豆腐很好吃。护国路原来有一家本地馆子，叫"东月楼"，有一道名菜"锅贴乌鱼"，乃以乌鱼片两片，中夹火腿一片，在平底铛上烙熟，味道之鲜美，难以形容。前年我到昆明去，向本地人问起东月楼，说是早就没有了，"锅贴乌鱼"遂成《广陵散》。

华山南路吉庆祥的火腿月饼，全国第一。一个重旧秤四两，名曰"四两砣"。吉庆祥还在，而且有了分号，所制四两砣不减当年。

东坡肉　黄鱼鲞烧肉　烤乳猪　腌笃鲜　白肉火锅　夹沙肉·芋泥肉

腊肉

湖南人爱吃腊肉。农村人家杀了猪，大部分都腌了，挂在厨灶房梁上，烟熏成腊肉。我不怎么爱吃腊肉，有一次在长沙一家大饭店吃了一回蒸腊肉，这盘腊肉真叫好。通常的腊肉是条状，切片不成形，这盘腊肉却是切成颇大的整齐的方片，而且蒸得极烂，我没有想到腊肉能蒸得这样烂！入口香糯，真是难得。

夹沙肉·芋泥肉

夹沙肉和芋泥肉都是甜的，夹沙肉是川菜，芋泥肉是广西菜。厚膘臀尖肉，煮半熟，捞出，沥去汤，过油灼肉皮起泡，候冷，切大片，两片之间不切通，夹入豆沙，装碗笼蒸，蒸至四川人所说"㸆而不烂"，倒扣在盘里，上桌，是为夹沙肉。芋泥肉做法与夹沙肉相似，芋泥较豆沙尤为细腻，且有芋香，味较夹沙肉更胜一筹。

腌笃鲜

上海菜。鲜肉和咸肉同炖，加扁尖笋。

白肉火锅

白肉火锅是东北菜。其特点是肉片极薄，是把大块肉冻实了，用刨子刨出来的，故入锅一涮就熟，很嫩。白肉火锅用海蛎子（蚝）作锅底，加酸菜。

烤乳猪

烤乳猪原来各地都有，清代满汉餐席上必有这道菜，后来别处渐渐没有，只有广东一直盛行，大饭店或烧腊摊上的烤乳猪都很好。烤乳猪如果抹一点甜面酱卷薄饼吃，一定不亚于北京烤鸭。可惜广东人不大懂得吃饼，一般烤乳猪只作为冷盘。

漫步信州

文 / 池波正太郎 译 / 何慈毅 插画 /Tiugin

池波正太郎的剧本小说，不少创作素材都是在信州收集的，因此也经常得去信州各地走访，尤其是松本和长野这两个城市，不光是他收集素材的"基地"，还是两处吃喝宝藏。

走，咱们边散步边吃。

池波正太郎

去松本的"三河屋"吃马肉刺身以及火锅是我的一大乐趣。松本不愧是把马肉作为特产的城市，颇具地方个性。虽说我在东京从小就习惯吃马肉了，但无论是烹饪方法还是调味，总觉得这里的马肉跟东京的有什么地方不一样。或许是长期积累起来的方法吧，总之我感觉松本的马肉是最好吃的。

在松本，有一家仓库建筑风格的名叫"MARUMO"的咖啡店也不错。这家咖啡店还经营着旅馆，我曾经在这里住过一宿。

当时我还找到了一家中华料理店，叫"竹乃屋"。这家中华料理店有烧卖、什锦炒面、糖醋里脊、叉烧面等等，虽然都是些我们平常吃惯了的普通菜，但这里的味道与众不同，特别好吃。

这味道究竟是怎么做出来的呢？窥一斑而见全豹，我们就拿叉烧做例子吧。他们到现在还是坚持传统做法，用炭火烧灶制作的。荞麦面也是自家生产，所有东西都是精心制作的。现在的店主是第二代。这是一家有着五十年创业史的老店，住在松本的人没有谁不知道这家竹乃屋中华料理店的。

说是"以前"，但也就不过十五年前吧。那时的长野市是信州一座名副其实的安静城市，还带有一点时髦的气息，会令人回想起战前的东京。仓库建筑风格的商铺鳞次栉比，十分气派，沿着斜斜的大坡道，朝着马路尽头善光寺那座高大的庙宇慢慢上行，真是感到心旷神怡。

二十年前，我第一次在长野住宿的旅馆叫"五明馆"，当时我到了车站才打电话去预订的，日后却成了我的固定旅馆了。那旅馆整洁干净，饭菜也好吃，令人流连忘返。五明馆的餐厅名叫"银扇寮"，那里做的饭菜也都很好吃。我带任何一位朋友去吃，他们都说很满意。

住在旅馆的客人还可以在那里订购牛排和冰激凌等等。

苹果上市的季节，从傍晚到黄昏的那段时间里，当你出了旅馆走进善光寺的楼门，苍茫暮色中充满了浓浓的苹果香味。那是卖苹果的摊贩还没收摊呢。此时此刻，我总是不由得深深感叹："哦，真的是来了信州啊！"

散步回旅馆时，我会去风月堂买"珠帘杏"，半夜时分在旅馆的房间里慢慢享用，也不枉费这场信州之旅。

早晨，吃着五明馆的火腿洋葱蛋包饭，先喝一小瓶啤酒。早餐后出了旅馆，有时会去松代取材，有时会去户隐山在街上到处溜达。

当时在长野，稍稍往里走一点就可以呼吸到清凉的空气，草木花香随着微风飘逸而来。这时候，或随意地走进"一茶庵"，就着用香葱和芥末拌好的酱油豆慢慢喝几盅清酒，或在车站附近的小餐厅"弥车"吃着炸猪排喝点啤酒，都是不错的选择。

"弥车"的店主以前是在一所高中当老师的。战后回到长野，开了这家店，但作为厨师，他也积累了很多学艺的经验。店主夫妇精心制作的西餐与店堂朴实低调的风格十分契合，就是在东京也有许多年轻人说"去过一次就再也忘不了了"。用来给料理做装饰的水芹，是店主现在担任篮球教练的那所中学的篮球队学生从山涧溪水旁摘来的。

用完餐，吃着美味的甜品红酒果冻，那感觉真是绝妙无比，总是令我心满意足。

记得过去，在善光寺前面的大街左侧有一家叫作"明治轩"的西餐店。上了这家店的二楼，你就会更真切地感到的确是来到了山城的餐馆。

现在，"明治轩"没有了，在长野市也多出了不少像东京那样花里胡哨的餐厅。我想，能够令人回忆起那家明治轩的，恐怕也只有这家"弥车"了吧。

现在的长野，已经变得车水马龙，人声嘈杂，也不可能在街道上慢慢行走了。不过，到了夜晚，走进后街里巷，还是可以领略到过去那种浓厚的传统气息。"希望在有生之年，在长野居住一段时间"的心愿，直到现在，我还难以舍弃。

清远鸡

芦花鸡

海南文昌鸡

丝羽乌骨鸡

鸡鸭鹅百科全书

如果要对中国境内所有的鸡鸭鹅进行"家禽普查",绝对是项浩大的工程。从野生鸟类到家禽,经过几千年的陪伴,鸡鸭鹅已经彻底跟人类混熟,还搞到了各地身份证。文昌鸡、北京鸭、太湖鹅,一方水土养育一方鸡鸭鹅,一方鸡鸭鹅入一方菜,但凡能以地名作姓名,都是鸡鸭鹅界的佼佼者。文 / 王琳 插画 / 喔哦噢呕少年 图 / 视觉中国

岑溪三黄鸡

淑浦鹅

临武鸭

三穗鸭

连城白鸭

金定鸭

北京鸭

狮头鹅

兴国灰鹅

太湖鹅

伊犁鹅

大吉大利，今晚吃鸡

鸡在国人心目中的地位有多高？从鸡是唯一入选十二生肖的家禽代表就可以发现端倪，无鸡不成席，鸡见证了无数中国人饭桌上的重要时刻。天南海北，无论饮食习惯差别有多大，总有一只鸡实力劝和，爆炒熘炸烹，煎烧焖焗扒，中国人谱写了一部吃鸡简史。文／王琳　摄影／李佳鸾　鸣谢餐厅／香港草根食堂

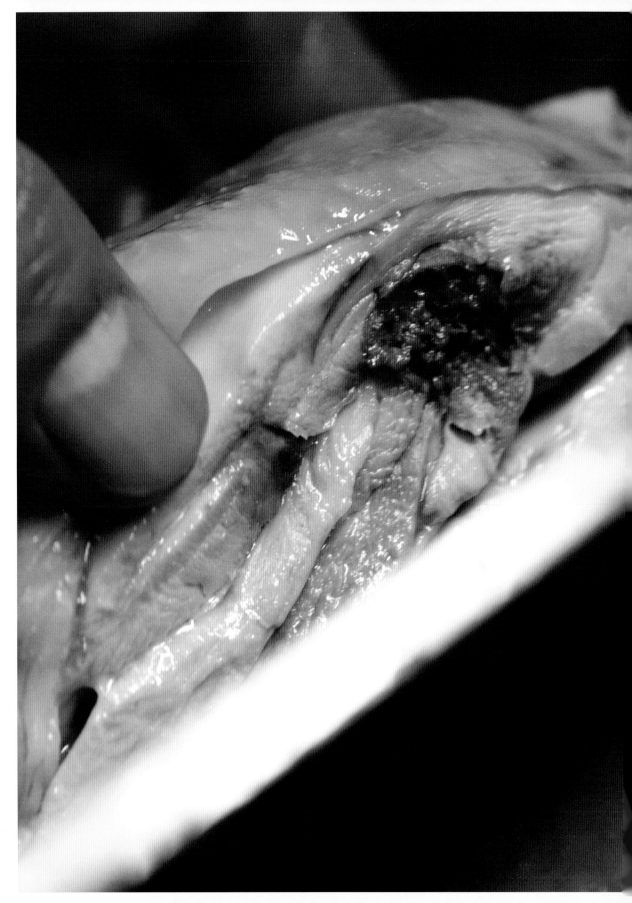

上海人的美好人生——"鸡"不可失

文 / 瑛宝　摄影 / 李佳鸢

上海人有多热爱白斩鸡呢? 在活杀鸡的年代，云南路上每天早上都会上演一幕壮观的景象。整条街鸡毛乱飞，几百只鸡都在马路边宰杀，马路两侧，挤满了看热闹的居民。

要了解一座城市，得从这座城市的"吃"开始。而要了解上海的吃，就必须到"老黄浦"去。在地图上画一个圈，西起西藏路、东至外滩，北起北京路、南至城隍庙，这个区域，堪称上海滩美食界的"吃祖宗"。

白斩鸡这道菜最能说明问题。上海人爱吃鸡，尤其爱吃白斩鸡。云南路上的小绍兴，在老上海人心目中，等同于白斩鸡的一个别称。即使到今天，"老黄浦人"过年的餐桌上，肯定少不了小绍兴的这盘白斩鸡。

许多年轻人可能不太了解云南路的江湖地位。时间线拉回20世纪，要说生活气息，整个上海，大概都找不到第二条马路，能与之相提并论。

最早这里的街头小吃名副其实，大饼油条、生煎馄饨，全是临街露天设摊，整条马路都交织着热气香味吆喝声。后来小摊头陆续搬到室内，但仍然保留了摊头形态，把炉灶设在当门临窗的位置，油氽烘煎香气全飘到马路上。

再后来，餐饮界的"大V"（重要人物）们纷纷在这里占了个坑，比如洪长兴、五芳斋、燕云楼、小金陵。

小绍兴的创始人最初就是在云南路上设摊的。来自绍兴的父子俩挑着担子，来到传说中遍地黄金的大上海，搭了三块铺板，从卖鸡头鸡脚做起，白手起家，一步步做出了家喻户晓的金字招牌。

早些年在很多上海小囡心目中，去云南路吃点心是一桩极其隆重的事。父母能带自己去一趟大世界，再走两步到小绍兴吃盘鸡，简直比过年还要高兴。

每逢春节期间，人山人海这个词就无法概括这里的热闹了。西藏南路、金陵东路和云南南路这三条马路上，有三支排队长龙交错涌动。分别是，西藏路火车售票点买票的、小绍兴买白斩鸡的，还有小金陵买盐水鸭的。

这里经常发生排错队的事，赶来买火车票的人，一眼望见金陵路上浩浩荡荡的排队大军，便急急地凑上去，细问才知道，人家都是奔着反方向小绍兴去的。

在过去很长一段时间中，小绍兴在"吃鸡江湖"无人能敌。哪怕是在 20 世纪 90 年代的"百鸡大战"中，"荣华鸡""温州烤鸡""德州扒鸡""东江盐焗鸡"混战时期，小绍兴在激烈的竞争中依然江湖地位不倒。

> "挑鸡首先看面孔。关起来养的鸡，面孔就像'劳改犯'，雪白的。散放在外面的鸡呢，面孔就是红通通的，再掂掂分量，要是有 100天了，这个鸡肯定就可以收了。"

小绍兴曾经的那句广告语"美好人生，'鸡'不可失"，堪称上海品牌界的经典广告案例。

生意最好的时候，小绍兴一天营业 20 个小时，大门从早上六点开到凌晨两点。哪怕是午夜时分，店里都坐满了客人。

在活杀鸡的年代，云南路上每天早上都会上演一幕壮观的景象。整条街鸡毛乱飞，几百只鸡都在马路边宰杀，马路两侧，挤满了看热闹的居民。

计划经济时期物资紧张，一家店每天要收进几百只活鸡，那是件相当不容易的事。想当年，小绍兴总厨王兆丰也参与过轰轰烈烈的收鸡工作，三部大卡车从市区呼啸而去，开到浦东的郊区，挑着箩筐的村民在村口集中，望眼欲穿，箩筐里全是咕咕叫的鸡。

挑鸡很有讲究，严格程度堪比古代皇宫选妃，分量、年龄都要刚刚好，以前小绍兴用的都是三黄鸡。不但要嘴巴黄、脚黄、毛色黄，还要看皮色是不是黄，只有都是黄的，烧出来的鸡才肉质细嫩、皮色蜡黄。

"挑鸡首先看面孔。关起来养的鸡，面孔就像'劳改犯'，雪白的。散放在外面的鸡呢，面孔就是红通通的，再掂掂分量，要是有 100 天了，这个鸡肯定就可以收了。"王兆丰很有经验。

对村民们来说，这一刻很关键。要是鸡被小绍兴选走，欢天喜地，要是落选了，垂头丧气。

收鸡有讲究，斩鸡、烧鸡更有门道。"比方讲，一只鸡腿要一劈两，斜着剁，从侧面看形成一个半圆形，卖相好吃口也好。煮鸡的时候，要把肉煮到酥透，但又不软烂，然后再放到冷水里浸，这样鸡皮的质感能够很好地保持住。"

除了鸡肉外，做白斩鸡还有一个关键环节，就在于那一小碗蘸料。葱姜的比例要恰到好处，酱油也不是随便用的，小绍兴用的是酿造酱油，有一种豆香味，像 70 后小时候去酱油店打来的那种味道，一大桶酱油最底部，多少有点豆渣沉淀。

精工出细活，每一个环节都到位后，小绍兴这盘鸡端上桌，自然是有说服力的。一眼看过去，金黄色的皮下面，裹着白嫩的鸡肉，用筷子夹起一块，在酱料里轻轻一蘸，酱油的咸鲜渗入肉中，回味无穷。

刘建强（化名）从小就住在金陵路上，步行到云南路小绍兴只要五分钟。刚刚改革开放那段时间，他才参加工作不久。那时候休闲娱乐的场所很少，人们要约个地方谈事情讲生意，只能去浴室、茶馆或餐饮店。

小绍兴位置好，营业时间长，又人尽皆知，自然成了大家青睐的聚会点。刘建强也喜欢把人约在小绍兴，谈谈事情，吹吹牛皮，吃好讲好，各自离开。

"老黄浦"长大的人，对食物的理解有一种传统的力道。每次家里要来客人了，刘建强只买两样外卖熟食，小绍兴的白斩鸡和小金陵的盐水鸭，几十年如此。他的理由是，"一整盆的东西，看上去卖相好"。

"有些客人吃相好，只夹几块尝尝味道，剩下来的白斩鸡哪能办（怎么办）？倒脱（倒掉）总归太浪费，客人走后，我就把小绍兴的料摆进去，再摆点黄酒，用保鲜膜封好进冰箱，第二天当早饭，蛮实惠的。"

"阿拉这一代人，对传统商品总归有感情。小辰光（小时候）跟在父母后头，去小绍兴吃鸡，后头长大了，还是习惯小辰光的味道。这种留念的感情，在脑海中是擦不掉的。所以外头新出的各种各样网红店，是没有这种亲切感的。"

这些年，沪上餐饮界的各路网红层出不穷，一拨又一拨店铺从被热捧到沉寂。而白斩鸡这样的传统美食，总是不温不火，以平淡的姿态为上海人坚守着传统的口味。

哪怕有一天你离家万里，却不会忘记属于这座城市的味道。

| 上海白斩鸡吃鸡指引 |

● 振鼎鸡（福州路店）

振鼎鸡的连锁店几乎覆盖了整个上海，味道也不错，是大家最常接触到的店。一人食的标准是 1/4 的白斩鸡，配上一碗黄澄澄的血汤。

地址：福州路 440 号

● 小绍兴（云南南路店）

小绍兴是上海三黄鸡的发源地，肉质十分有保障，清淡的蘸料也能衬出浓郁的鸡油香。最后收尾的一口鸡粥，负责融合起口中所有味道。

地址：云南南路 69-75 号

● 小浦东（昌里店）

小浦东好吃又便宜，是白斩鸡店中的性价比之王。不单白斩鸡，锅贴、小笼包、小馄饨都很拿得出手，就算不知道吃什么，盲点也不会出错。

地址：昌里路 360 号

菜品提供 / 白纸坊美式炸鸡

请回答，老北京炸鸡

文、摄影 / 姜妍

一切带老北京名号的食物都是假的，除了炸鸡。

在我"无论多胖，我都不会放弃____"的填空名单里，炸鸡绝对可以排名前三。

尤其在夏天。

即使一边吃一边感受到脂肪瞬间堆积在腰部，要偷偷放开皮带扣子，我也不会放弃争夺盘子里最后一块炸鸡的机会。

炸鸡是全人类共同的美食，这一点，在电视剧里就可以看出来。韩剧《来自星星的你》告诉我们，初雪就是要和爱的人一起吃炸鸡喝啤酒，虽然听起来没有逻辑，但这就是最应该做的事。

油炸这种烹调方式，出现得远远晚于煮和蒸，这主要是由于——古代人吃口油实在太不容易了！但是，相比其他烹制手法，油炸能够在短时间内让食物表面吸收大量热并脱水而变得酥脆，内部则因为相对水分损失少而口感软嫩——外焦里嫩，就是这个道理。而在众多炸物中，炸鸡简直一枝

独秀，这种食物油滋滋金灿灿，香味勾魂，咬一口，鲜嫩的鸡肉与藏在其中的鸡汁混合在口腔，瞬间的幸福感就像烟花一样在脑子里绽放。

第一次带给我这种幸福感的，是胡同口的老北京炸鸡。那时老北京炸鸡还叫美式炸鸡，肯德基麦当劳等洋快餐风头正盛，但价格实在太贵，吃一次要够一家人吃几顿的，所以妈妈总是给我买美式炸鸡来"应付"我——"都是洋玩意，能有多大差别？"

老北京炸鸡在居民区最为常见，裹上一层薄薄面粉的鸡肉，放入滚烫的油锅中，鸡腿由外而内渐渐变熟，香气越飘越远。在放学路上，总是会忍不住缠着妈妈买一份当晚餐。刚出锅的炸鸡香气在几十米外就能闻到，外皮酥香金黄，总是还没到家就忍不住打开袋子，嚼得嘎嘣嘎嘣响。

后来，我也知道所谓的美式炸鸡其实跟美国

并没有什么关系，当时听起来洋气的美式炸鸡也改名为充满情怀的老北京炸鸡，但我对老北京炸鸡的爱却越来越深。

其实老北京炸鸡的做法也不难，鸡肉腌过后用热油炸过，再撒上孜然和辣椒面，不知要怎么形容炸鸡的香味，但每次闻到总是勾着人去买一袋，这也许就是老北京炸鸡的味道，说不上它哪里好，但就是谁都替代不了。

于是，我带着对炸鸡的爱，和对高胆固醇的蔑视，开始了这篇老北京炸鸡研究报告。

| 藏在居民区的老北京炸鸡 |

● 白纸坊美式炸鸡

这家藏在超市侧面胡同里的炸鸡店，从 1992 年开店至今，已经开了 26 年了，虽然店铺面积不大，但每到饭点，总是顾客盈门，要排上十几分钟才能吃到现炸的大鸡腿。其实白纸坊炸鸡原名叫"燕文美式炸鸡"，但慕名而来的人们都习惯叫它"白纸坊炸鸡"，所以后来索性就依了群众直接改了名字。

地址：白纸坊西街 1 号

● 香盟炸鸡（左家庄炸鸡）

说到老北京炸鸡，左家庄炸鸡是最不能错过的。炸鸡店开在超市里，有很多人每次路过都要买他家的炸鸡腿，回忆年少时的味道。刚出锅的鸡腿咬下去油滋滋酥脆脆，水嫩光滑。很多人说，这家店的炸鸡代表着老北京炸鸡的最高水准，等你吃到的时候，你会发现确实不负众望。

地址：香河园左家庄三角地 1 号京客隆超市内

● 新桥炸鸡店

炸鸡香不怕巷子深，说的就是新桥炸鸡。虽然开在门头沟，但绝对值得穿越半个北京城去吃，鸡腿火候掌握得刚刚好，酥脆且不油腻，门口的队伍总是排满了人行道，带着整条街都充满了炸鸡的香气。对了，新桥炸鸡离门头沟另一家名店新新包子只有五分钟路程，炸鸡配包子，才是门头沟美食之旅的标配。

地址：新桥大街 78-1 号

● 永顺炸鸡店

永顺炸鸡店，通州炸鸡界的扛把子。鸡腿上大片的鸡皮最是吸引人，虽然知道那是满满的脂肪，但也义无反顾。永顺炸鸡的老板是安徽人，曾经有在全国各地经营熟食的经验，所以永顺炸鸡跟其他炸鸡店不同，这家店还同时卖烤鸡和烤鸭，都十分好吃。

地址：新华北路永顺商场对面

| 一份完美的炸鸡是如何做出来的 |

| 腌制 |
用秘制酱料腌制 3 小时以上。

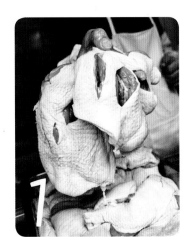

| 裹粉 |
裹上同样调味过的面粉。

| 油炸 |
第一次下锅油炸，取出静置。

| 复炸 |
第二次下锅油炸，使表皮更加酥脆。

| 切碎 |
称好后可以让店家切碎，边走边吃。

| 撒料 |
虽经过腌制，但店家还会附赠孜然、辣椒面。

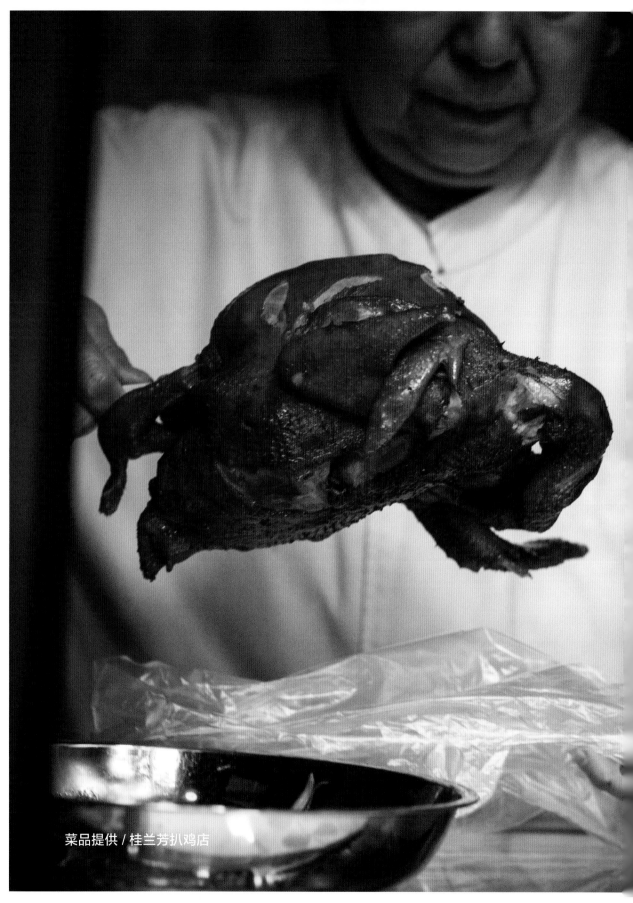

菜品提供 / 桂兰芳扒鸡店

没有一只鸡
能活着离开德州

文 / 王琳　摄影 / 李佳鸾　插画 / 令狐小

单说德州，你会想到什么？得克萨斯州、得州扑克还是得州电锯杀人狂？但如果只说到德州扒鸡，范围会迅速缩小——中国德州。

正确认识德州扒鸡

德州扒鸡又称德州五香脱骨扒鸡，一般的初级玩家通常会理所当然地把五香理解为"五香味"。然而，五香才不是指味型，德州扒鸡的五香其实代指五位德州扒鸡传人的五家店，五家的配方相互融合，才有了如今的德州扒鸡。

除了"五香"，德州扒鸡的另一个理解重点就在一个"扒"字了。扒是鲁菜常用的烹饪手法，作为曾经的御膳房头牌，扒也代表着鲁菜的复杂工艺，一般要经过两种以上方式的加热处理才能算地道的扒菜。所以大火煮，小火焖，火候要先武后文，武文有序的德州扒鸡就体现了扒的要义。相对于烧鸡、烤鸡，扒鸡最大的不同就体现在时间上，一般雏鸡要焖 6 至 8 小时，老鸡焖 8 至 10 小时，经过长时间的焖煮后，拎起鸡腿抖上一抖，肉骨即可分离，谓之脱骨。但是，可不是所有脱骨的鸡都是德州扒鸡，没有学会德州扒鸡统一"瑜伽造型"的鸡，通通不是德州扒鸡。

扒鸡瑜伽动作分解

扒鸡瑜伽第一式：将翅尖从嘴内侧伸出 别在背上

1

德州扒鸡成名史

别看现在德州扒鸡唾手可得，在过去，想买到一只德州扒鸡都要靠抢的。在 20 世纪，德州扒鸡可是一只当之无愧的网红鸡。不过这一切，还得先谢谢烧鸡前辈打下的"江山"。

清朝初期漕运繁忙，德州成了御路的交通枢纽，和今时今日火车上的乘客一样，古人也是需要食物补给的，于是运河沿岸就出现了挎篮叫卖烧鸡的老人，在没有真空保存技术和防腐剂的古代，吃上一口鲜嫩可口的烧鸡绝对是件满足感爆棚的事，作为后来扒鸡的原型，烧鸡开始积累人气。

时代的脚步跨进了 20 世纪，随着津浦铁路（现京沪铁路）和石德铁路（石家庄—德州）的全线通车，德州作为铁路交会处，成为当时华北地区的一个重要铁路枢纽（明明是食物中转），烧鸡 2.0 版本的扒鸡，也开始出现在火车站广场周边，渐渐搭上了铁路的顺风车。除了德州扒鸡，还有安徽的符离集烧鸡、河南的道口烧鸡、辽宁的沟帮子烧鸡，这中国有名的"四大铁路鸡"都是以车站集散地命名的，随着民国时期的铁路发展而名扬全国。如此回忆起来，中国铁路除了提速，还立了一个大功，那就是活脱脱绘制出一张铁路吃鸡地图。

但是，最火爆的还是德州扒鸡，作为四鸡之首，早些年德州扒鸡的脑残粉可是疯狂得很。还没到站就在车门后准备随时冲刺，有时太过拥挤，情急之下翻窗而出的情况也时有发生，为了只扒鸡，不知曾有多少人误车。不只是寻常吃货，就连著名吃家唐鲁孙先生都曾被当时的铁道部政务处处长曾养甫强烈安利，一顿肥皮嫩肉、膘足脂润的扒鸡下肚后，一枕酣然，睁眼早已坐过两三站。因为扒鸡太过抢手，当时还诞生了一批"山寨扒鸡"。

据曾养甫先生跟我说："你如果坐火车经过德州，一定要让茶役到站台外面给你买一只扒鸡来尝尝。可是有一点，千万别在站台上跟小贩买，碰巧了

2

扒鸡瑜伽第二式：大腿骨交叉

3

扒鸡瑜伽第三式：两爪塞入鸡腹中

你吃的不是扒鸡，而是扒乌鸦。快车经过德州时，多半是晚饭前后，小贩所提油灯，灯光黯淡，每只扒鸡都用玻璃纸包好，只只都是肥大油润，等买了上车，撕开玻璃纸一吃，才知道不对上当，可是车已开了。"

——唐鲁孙《德州扒鸡枕头瓜》

其实想想，这些被哄抢的山寨扒鸡，也从侧面反映了当年的流行趋势。如今，德州扒鸡的实体店遍布全国，保鲜技术和食品安全的要求都在升级，告别"饥饿营销"后的扒鸡的热度降低也是意料之中的事了。不过，还是有一个地方不曾变过，那就是扒鸡的发源地——德州。

德州，一座建在扒鸡上的城市

德州人对扒鸡都是爱到骨子里的，无论是日常串门还是过年走亲戚，拎上一只扒鸡，是德州人的基本礼仪。如果有外地朋友到德州做客或者商务宴请，饭桌上也一定会出现一只德州扒鸡。说到吃鸡，德州人也会有一条默认的鄙视链。在德州本地人眼里，高铁上的扒鸡就是袋装罐头，本地人只认新鲜扒鸡。

喜欢口味重的还是口味轻的，扒鸡是凉起锅的还是热起锅的，是吃焖煮时间长的还是吃焖煮时间短的。这种工艺和口味的细微差别，只有以小锅见长的老字号、小作坊出品的新鲜扒鸡才能做到。所以在德州，除了扒鸡集团下属的扒鸡美食城外，只有扒鸡名师的后人所经营的崔记、李记和韩记制作的扒鸡才能入德州人的眼。早些年为了吃到一只正宗扒鸡，德州人甚至可以不辞辛苦穿越大半个城市去扒鸡传人家里登门购买。

懂扒鸡的人也越来越多，在德州，扒鸡甚至是最出名的旅游项目，沿途的扒鸡店是许多自驾游爱好者的必走线路。交通，绝对是德州扒鸡最大的伯乐。

国民料理黄焖鸡

文 / 毛晨钰 摄影 / 姜妍

这个江湖的最高奥义是：以不变应万变。

黄焖鸡的走红，算是一门玄学。

2013 年，小吃一霸黄焖鸡弯道超车，勇夺国民料理第一名。一时间全国翻腾起数万家黄焖鸡米饭餐厅。关于这些隐藏在街头却悬在外卖热门榜单最高处的饭馆，江湖人称：一只鸡的传说，一道菜的餐厅。

作为中国餐饮界三巨头之一，黄焖鸡显得相当佛系，深谙以不变应万变的道理。

尽管身在江湖，英雄不问出处。跟大喇喇把出处镶在名字里的竞争对手沙县小吃和兰州拉面相比，黄焖鸡反倒颇有神秘感：别问我从哪里来，好吃就行。

黄焖鸡米饭，你读对了吗？

黄焖鸡的 C 位（中间位置）出道，其实是通过组合的形式——黄焖鸡米饭。但是，往往吃了那么多黄焖鸡米饭，我们还是读不对它的名号。

在一些黄焖鸡米饭的餐馆，老板娘图省事儿，总会把黄焖鸡米饭简称为"鸡米饭"。时间长了，大家便以为这是"黄焖／鸡米饭"。这当然是对黄焖鸡米饭的辜负！毕竟，只要当你面前被端上一份黄焖鸡米饭，你就会知道，哪有什么"鸡米饭"，是如假包换的黄焖鸡＋米饭啊。

黄焖鸡，是个实诚的名字，一口气儿把原料和烹饪方法全吐了出来。所谓的"焖"就是指食材先过一遍油，然后再加上作料，入水煮，煮开之后再用文火煮，最后收汁。可以说，黄焖鸡的汤汁，浓缩的都是精华。至于为什么叫"黄焖"，则是因为"焖"的食物颜色黄亮。如果在焖煮过程中加入老抽或糖，则会愈发红亮，也被称为"红焖"。

一只好鸡三个帮

承包了黄焖鸡这个圈子的主要有两大阵营：西南派和山东派。

西南的云贵川都有自个儿风味的黄焖鸡。

首先来说说贵州的娄山黄焖鸡。如果真要论起"黄焖鸡"的归属，贵州遵义桐梓县一定会表示：我们不服输！早在几年前，桐梓县就把娄山黄焖鸡烹饪技艺列为市级非物质文化遗产代表性项目。在黔北，更是有"南有乌江鱼，北有黄焖鸡"的说法。

乱世不只出英雄，还出名鸡。桐梓县当地流传这样一个说法：大概是在万历二十八年（1600），播州宣慰使杨应龙叛乱，朝廷以八路大军平播。其北路总兵刘綎率兵一举而破娄山关。为贺奇功，命厨子杀鸡数百，焖烧烹烩，大宴三日。曰："娄山关惊险天下，黄焖鸡香悦众人。"

不是所有鸡都能拿来做娄山黄焖鸡。只有生长期一年左右的桐梓县花秋土鸡才是娄山黄焖鸡的良品。这种鸡体型小，容易入味，且肉质鲜嫩。

跟一般黄焖鸡把鸡块先炒后焖的做法不同，娄山黄焖鸡下手更猛，第一步就是把鸡下锅炸。当地师傅说这样能排出多余油脂，同时保留肉的水分。随后鸡肉要再放入汤锅焖煮。汤头用的也是当地特产糍粑辣椒和豆瓣酱熬煮出的红汤。至于一道娄山黄焖鸡的诚意到底有多少，那还得看锅里放了多少当地的方竹笋。

跟娄山黄焖鸡一样先炸后焖的还有四川昭觉黄焖鸡。受到川菜熏陶的昭觉黄焖鸡怎么少得了大把的花椒和辣椒？这些调料炒香后加入鲜汤，作为焖煮鸡块的汤底。

黄焖鸡最怕无趣单调，总有用一盆鸡装下整个宇宙的野心。而在昭觉的黄焖鸡，除了常规的青笋、青椒等，铁定会有四川泡姜。

西南黄焖鸡中的名门望族非吃鸡大省云南莫属。在这里，名声在外的黄焖鸡可能一个手掌都数不过来，着实精彩！

名气最大的是大理永平黄焖鸡。据说它的美味，是有皇帝亲自盖章认证的。南明永历皇帝在清兵入关后败逃缅甸，途经此处，吃了一道"永平黄焖鸡"。逃亡时还不忘拨冗给这道鸡封个"滇中第一佳肴"的名号。

永平黄焖鸡，图的就是一个"快"。绝不是想象中的笃悠悠的"焖"，而是镬气张扬地炒。鸡肉过油，用大火爆炒，从宰鸡到上桌，一刻钟足够了。直到后来，320 国道沿线都被这只黄焖鸡占领。在 213 国道沿线的安定也是以一道黄焖鸡留住了来来往往的司机大汉。安定其实是不养鸡的，看起来要想以做黄焖鸡出头，实在有点先天发育不良。不过，这个地方水好，用好水焖来自墨江的鸡，就足够美味了。

这些云南黄焖鸡，滋味霸道，靠下猛料为司机提神醒脑。

你以为黄焖鸡在云南只负责管饱？当然不是，它还兼职红娘，帮忙搞定人生大事。

人们常说，吃到一起才能过到一起。傣族的少男少女就总把食物当心动信号。当地有"赶摆黄焖鸡"的传统。姑娘们将自己做的黄焖鸡拿到市场上卖，要是和买的人看对了眼，两人就端着鸡到无人角落谈情说爱顺便吃鸡。如果不是心上人来买鸡，那就加倍喊价，直把人吓得落荒而逃。

在云贵川之外，西南黄焖鸡还有一脉野路子，来自湖南的益阳黄焖鸡。跟寻常黄焖鸡的红艳艳相比，湖南黄焖鸡是个大写的"白胖美"。益阳可以说是近水楼台先得月，做黄焖鸡用的是湖南桃源县出产的土鸡"桃源鸡"。

别看桃源鸡体型高大，但人家的肉质还是嫩得像个娇滴滴的小姑娘。腌制过的鸡肉冷水熬煮直至汤色乳白，然后用大蒜和胡椒粉等调味。最关键的是还要掺入生粉水来保持鸡肉金光四射的皮囊。益阳黄焖鸡吃起来跟鸡公煲倒有些相似。吃完鸡肉还能在锅里加入蛋皮、青菜等配菜。

山东黄焖鸡的崛起！

是谁让云贵川的黄焖鸡掉落一地鸡毛？

答：山东黄焖鸡！

走上国民料理王座的黄焖鸡米饭，首先要感谢的就是来自山东济南的杨晓路。

杨晓路说，他这一手做黄焖鸡的功夫是"祖传"的。20 世纪 30 年代，他的祖辈在当时的济南府开了家叫"福泉居"的菜馆，招牌菜就是一道黄焖鸡。嗯，那时候的黄焖鸡还没遇上米饭呢。

杨晓路的姥姥继承了酱料的秘方，后来传给了杨晓路。一道鸡料理，也撑起了杨晓路自己的餐馆。他曾在一次采访中透露，他没事儿就喜欢观察来店里吃饭的客人，发现他们都爱用黄焖鸡配饭。也许你会跟我一样朝天翻个白眼：不配米饭还能配啥？在大山东这可不寻常，毕竟占据山东主食半壁江山的是馒头、面条、煎饼等。就这样，杨晓路第一个让黄焖鸡和米饭组团出道。事实证明，果然还是天团比较能打。

在山东，有关黄焖鸡起源的传说并不比满大街的黄焖鸡米饭馆子少。

还有一个流传较广的说法是，这道菜最早出现在1927年的济南鲁菜名店"吉玲园"。那时的黄焖鸡还叫"百草黄焖鸡"，大概是因为烹制过程中要用到十多种香料。

发明这道菜的大厨叫薄林，凭一手"薄氏炒鸡"成为济南厨师中的一哥。上流社会的先生夫人一度以吃到他掌勺的百草黄焖鸡为荣幸。时任山东省主席的韩复榘在吃过这道黄焖鸡后，赞道："此鸡匠心独运，是上品之上，当为一绝。"末了还打赏三十块银圆。

那时的黄焖鸡，可是讲究得很。焖鸡的炊具必须是宜兴产的砂锅，鸡块也要控制在2斤以内。就连米饭也要保持颗粒完整，挑出残缺半粒的碎米。为了更下饭，吉玲园还专门准备了小菜，有时是老虎菜，有时是腌辣椒。总之，一个套餐只管给人把一切都安排上了。

黄焖鸡和宫廷的纠葛也从没断过。传说清朝嘉庆年间的济南名馆"燕柳园"就把这道黄焖鸡带进了皇宫，从此成为宫廷菜。这个说法是否属实已难推断，不过在溥仪胞弟溥杰的夫人爱新觉罗·浩写的《食在宫廷》里确有记载。

还有一说黄焖鸡的发明是借了朱元璋的东风。这位明朝开国皇帝极爱三黄鸡。为讨皇帝欢心，厨子们翻了不少花样，其中就有黄焖鸡。有民俗专家说，黄焖鸡最早来自明朝德王朱见潾府中。这位明英宗第二子封王后就被分到了山东德州，后来又寻了个德州贫苦的借口，迁往济南。

2011年，杨姓黄焖鸡米饭创办，四年后，它一路开到了澳大利亚、新加坡、日本。去年，美国第一家黄焖鸡米饭开业，每份售价近10美元。在美国点评网站Yelp上，有人给它打了5星，有人则吐槽这种中式快餐吃起来像"我家柯基吃的狗粮"……

跟其他地区用特色食材、香料将很多人拒之门外的黄焖鸡相比，山东的黄焖鸡显得平易近人许多。它的配料寻常甚至可以说平凡，主要是鸡块和香菇，有时候看心情，店家也会加几块看起来喜庆的青红椒。

唯一的秘密就在酱料之中。直到现在，谁霸占住了酱料，谁就赢了。正儿八经的鲁菜大师是不会让区区一味酱料拿捏住的。在他们的菜谱中，除了普通的酱油、糖等，甜面酱的出镜率颇高。

要让自己看起来人见人爱，黄焖鸡铆足了劲儿抹去自己身上的地域属性，只是偶尔暴露的勾芡暗示了它的高贵血统。

如今，黄焖鸡米饭看起来已是过气王者。不过在大城市无数人的饭点，黄焖鸡米饭仍然是触手可及的温饱宽慰。

所以，请珍惜每一顿黄焖鸡米饭吧！

来，干了这碗鸡汤

文 / 王琳　插画 / 空洞　图 / 视觉中国

不知道从什么时候起，鸡汤里没有"鸡"也没有"汤"，只剩满屏的鸡汤文霸占鸡汤本身的光环，鸡汤变得不走心也不走胃。心灵鸡汤哪里有黄澄澄的真鸡汤实在，一碗冒着热气浮着一圈圈鸡油的鸡汤下肚，生活才是没什么大不了的。

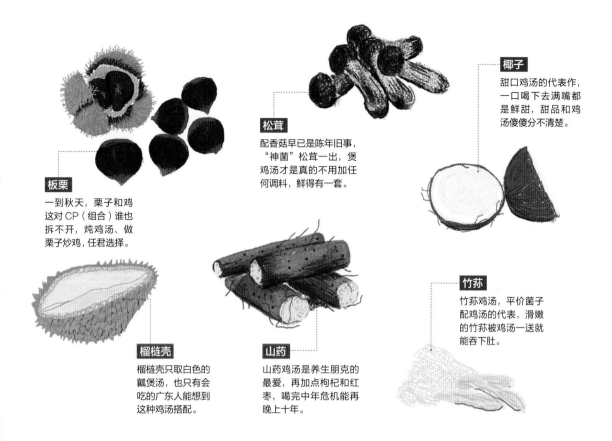

椰子
甜口鸡汤的代表作，一口喝下去满嘴都是鲜甜，甜品和鸡汤傻傻分不清楚。

松茸
配香菇早已是陈年旧事，"神菌"松茸一出，煲鸡汤才是真的不用加任何调料，鲜得有一套。

板栗
一到秋天，栗子和鸡这对CP（组合）谁也拆不开，炖鸡汤、做栗子炒鸡，任君选择。

竹荪
竹荪鸡汤，平价菌子配鸡汤的代表，滑嫩的竹荪被鸡汤一送就能吞下肚。

榴梿壳
榴梿壳只取白色的瓤煲汤，也只有会吃的广东人能想到这种鸡汤搭配。

山药
山药鸡汤是养生朋克的最爱，再加点枸杞和红枣，喝完中年危机能再晚上十年。

为了鸡汤的做法，我不知道跟我妈拌了多少次嘴。

在我妈眼里，鸡汤的原料只有三种，鸡、水、盐，多加任何一种食材都是对鸡汤的亵渎。一只完整的鸡被端端正正的放进砂锅里，添满水，咕嘟咕嘟炖上一个小时，出锅前添点盐，就是我家的妈妈牌鸡汤步骤。小时候每次感冒，我妈就炖上一锅，盛上一大碗让我趁热喝完，直到看着我脑门上起一层薄汗，才会心满意足地离开。

每次喝完汤我都会申请下次在鸡汤里加点料，但次次被我妈严词拒绝，好像加了任何食材都会让鸡汤功力减弱。在掌握厨房使用权之前，原味鸡汤，就是我对鸡汤口味的全部印象。所以，在拥有自己的厨房后，我第一时间开始"鸡汤叛逆"，沉迷各种鸡汤烹饪大法。

工作日的晚上时间匆忙，快手的椰子鸡汤是首选。让菜市场阿姨帮忙把清远鸡斩块，到家把鸡块焯水，开椰子，取椰子水、椰肉进锅，开锅后焖上一会就能开动。时间充裕的周末，从菌子到水果，鸡汤可以煲一切，怎么搭鸡汤甚至会激发天秤座的选择恐惧，不过有个时刻鸡汤只有一种味道，还是感冒的时候，我会嘴里说不要，身体却很诚实地煲上一锅原味鸡汤。

好像喝下它，就离家更近一点。

鸭，来自古都

在吃鸭界，有一个有趣的现象，古都总是和鸭子脱不了干系。北京烤鸭、六朝古都南京的盐水鸭，还有南宋都城杭州的酱鸭，任朝代更迭，中国人吃鸭的心情不改。文／王琳 图／视觉中国

倾城之鸭

文 / T 插画 /Tiugin、喔哦噢呕少年

几千年打来打去，几个古都之间的爱恨情仇，王朝的易变，都凝结在一只鸭子上了。

总说南京人吃鸭子，好像南京就只有鸭子似的。

一个古都，这么单纯倒是好事，清亡以后，北京有一阵子不做都城，那单纯的劲儿也就回到北京身上了。好多个文人都很怀念那个时候的北京，干净、人少、古迹多，一个被忘记的文化旧梦，自己在北方的天空底下傻乐着，吃着大白菜、冷柿子和热栗子，不谙世事。

那个时候的北京很像现在的南京，有好多旧伤，能活下来就已经很好，劫后余生，活下来就已经是命运给了一点温柔，一点抚慰。三千烦恼历经，至少没有"求不得"这一种苦处了。

两个古都对鸭子都有感情。做鸭子的方法都非常烦琐，可见是多年反复琢磨出来的，没人不说好。北京的烤鸭，好得具有艺术性，看见北京烤鸭皮上那网格状的纹路，我总想起北京西边法海寺的水月观音，在重重的颜色上，还用薄若蝉翼的白色画出了一层轻轻的带米字纹的薄纱。

南京的烤鸭，比较湿，是把炉火熄灭了之后，用焖的方法把鸭子弄熟的，吃肉，不像北京烤鸭主要吃皮。南京还有盐水鸭、酱鸭、板鸭，制作过程也非常麻烦。南京人都不在家里做鸭子吃。一是因为外面的馆子做得太好，二是真的太过复杂。要把鸭子的腥味去掉，还要盐分不杀口，分寸感很重要。

北京烤鸭公认是从南京传过去的，但有一种说法，说是金国人从北宋都城汴京带过去的，总之几千年打来打去，几个古都之间的爱恨情仇，王朝的易变，都凝结在一只鸭子上了。

也有可能，就是为了抢做鸭子的秘方，几个王朝毁灭了，几个王朝又兴起了，谁知道呢? 所谓倾国倾城的鸭子，就是这样的。

鸭子有好几种，一种是南方的麻鸭，因为身上毛色杂驳，所以叫"麻"。据说高邮的麻鸭好，鄱阳湖上散养的鸭子也好，瘦肉多。北方主要饲养北京鸭，浑身都是白色的，民国时候的一本小说《养鸭》说，1873 年，北京鸭才传到美国。当时养鸭的地方就在北京的城墙根底下。我看过当时记者拍的照片，鸭农的头上就是城墙锯齿一样的脊线，像把天空拉开拉链一样，看见古代中国式的不废农桑。古都的外面都是一望无际的农村。

此外还有樱桃谷鸭，是肉鸭名种。由英国人在"樱桃谷农场"育成，最近又有新闻，说中国公司再将这种鸭子引回中国。严格的动物保护者看见北京鸭的育成过程肯定要愤而抗议，据说喂食这种鸭子都要把食物硬性填塞进喉咙，到后来，鸭们见到地上有食盆都不会低头饮食。我们小时候，报纸上老是提反对"填鸭式教育"，现在不过是老师不在课堂上填了，家长们都在闲暇时间报班填。

北京鸭子的养育方法，倒是一种中国特色。这样出来的鸭子特别肥硕，我想，还是因为鸭子不运动，肉的纤维细。都说北京的烤鸭是永乐皇帝带到北京的，结果他的儿子之一朱高煦因为谋反，被当时由南京回来继了位的宣德皇帝盖在铜缸里，周围堆满木炭点燃，活活做成了焖炉烤鸭。

所以我每次去紫禁城，看到大铜缸都绕着走。

北京和南京上得了台面的鸭子，都是"不明觉厉"的典型，制作很复杂，这样也好，像一个做医生或者律师的爱人，他生活里永远有一部分是有陌生感的，不太容易生厌。南京和北京也是这样，有禁地存在的城市，反而让人保有向往。另外一个古都——成都把蜀王府全拆了做市中心广场，从小生活在其中就觉得乏味。

但成都最近变得好玩了，挖出来了千年前的巨型船棺、隋朝的摩诃池遗址、明朝蜀王府的遗址，全部在城市的最中心。我奶奶每天早上都要去跳秧歌的体育中心和我所就读的小学，就在市中心毛主席立像背后一箭之地。我最近看到航拍照片，附近几个学校的学生原来放学踢球的操场被全部围了起来，掀起表层的土，底下就是明朝、元朝、宋朝叠压的地层。

成都是几千年没有迁过城址的城。所以这些古迹的位置，几乎就是在跟当今的城市建设开玩笑。古代和现代，垂直地叠压在一起，据说蜀王府跟紫禁城差不多，如果真的大规模发掘，整个城中心的建筑都要迁走

但这个城顿时不无聊了起来。

这么来说，古都都跟鸭子有说不清楚的关系。成都的樟茶鸭，也非常复杂，除了要卤，还要用茉莉花茶和樟树叶熏，最后还要炸，才会形成那种独特的暧昧不清的味道。

古都的出名鸭子都有复杂的做法，我猜是古代的余韵，因为这些鸭子在做成盐水鸭、熏鸭、酱鸭、板鸭之前，都要先制成鸭坯，风干，以及后面的炸制等过程，这些都是从前没有冰箱时保存食物的方法。而且酱鸭、板鸭、樟茶鸭都是可以用来二次制作的。四川有一种冒鸭，就是把鸭子烤好，顾客点了，再斩件，扔到冒菜里再煮热，烤鸭入了辣味，又多了一层味道。

到这一步，鸭子又被烹调了一次。也是因为鸭子肉瘦，经得起反复的煮烤烹炸。

古都的鸭子啊，跟古都一样，不怕折腾，每折腾一次就多一层风味。

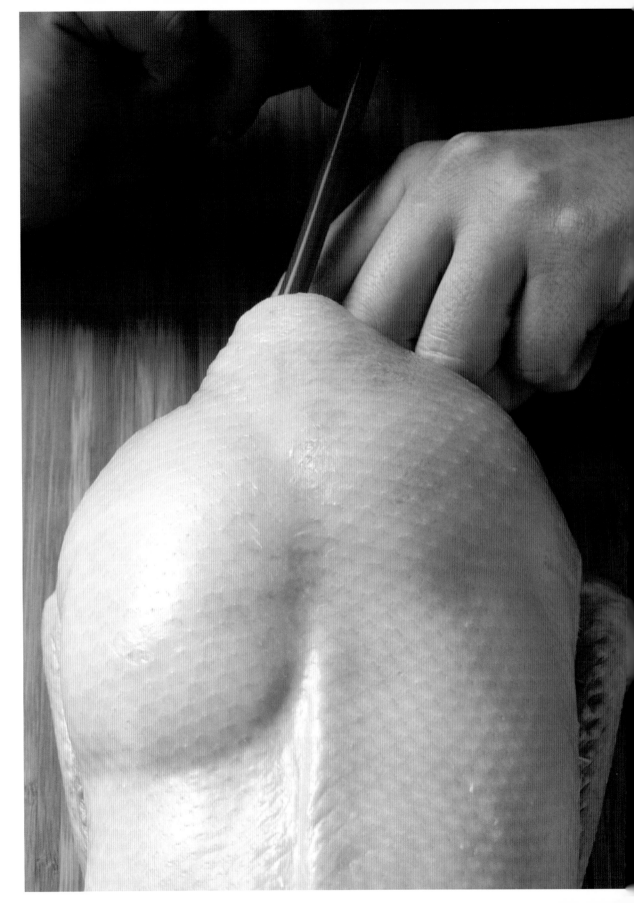

北京烤鸭鄙视链

文 / 李舒　图 / 视觉中国

烤鸭如此多娇，北京的烤鸭店遍布四九城，规模各不相同，这是一种丰俭由人的自信，也是一种众生平等的欢喜，更是一场静悄悄的暗战。

没有一种食物比北京烤鸭更能代表北京了，one Beijing, one World, one Peking duck（同一个北京，同一个世界，同一只烤鸭），读起来就有登顶紫禁之巅的荣耀。这种枣红的鸭子，以油亮的外表和外酥里嫩的口感，征服了全世界。

烤鸭的荣耀，甚至载入了新中国的外交历史。1971年7月，中国人迎来了美国总统尼克松的特使基辛格，当会谈僵持、无法开展的时候，周恩来灵机一动："我们不如先吃饭，烤鸭要凉了。"吃完烤鸭的基辛格，似乎对中国人开始有点理解。后来，人们在谈论周恩来的"三大外交策略"时，记下了这个伟大的瞬间——除了"乒乓外交"和"茅台外交"，还有"烤鸭外交"。[阿牛：《周恩来总理的"烤鸭外交"》，《名人传记（上半月）》2007年第十期。]

烤鸭如此多娇，北京的烤鸭店遍布四九城，规模各不相同，这是一种丰俭由人的自信，也是一种众生平等的欢喜。然而，众生却守着各自的烤鸭店，建立了一条隐秘复杂的鄙视链。

全聚德，一个烤鸭IP

对于游客来说，烤鸭是北京的名片，不到长城非好汉，不吃烤鸭真遗憾。京城的1513家烤鸭店，旅行团游客只认一家全聚德。从旅游大巴上下来，一看见全聚德的黑底金字招牌，立刻就会肃然起敬。

全聚德并不是唯一接待过外宾的烤鸭店，也不是唯一被名人加持过的烤鸭店，可是，全聚德是唯一做过主角、拍过电视剧的烤鸭店——这不是烤鸭店，这是一个烤鸭IP（知识产权）。

烤鸭是用车推上来的，师傅会当着你的面片，"普通套餐"和"盛世牡丹"的价格相差 100，而肉眼上的区别是——"盛世牡丹"会把鸭子片成牡丹花形状。

加了 10% 服务费的烤鸭，质量却不那么稳定，有时候，它符合你的想象；但有时候，皮是软的，肉是冷的，吃起来有点柴。"这是传说中最正宗的北京烤鸭吗？"你刚想要质疑，遇上了烤鸭师傅那犀利的眼神，立刻闭嘴。

全聚德烤鸭师傅是牛气的，他们其实知道质量不够稳定的命门所在——废话，每天接待那么多旅行团，乌泱泱一堆人，还不能等太久，这样出来的烤鸭，能保证质量吗？

即便如此，从全聚德和平门店出来的人们都心满意足，长城爬了，全聚德也吃了，这样的北京故事，值得回去说个一年半载。在火车南站，还会有意犹未尽的大妈，在柜台买上几大包打着"全聚德"品牌的真空包装烤鸭，准备带回去，分给亲朋好友。大妈喜滋滋付着钱，已经想好了台词。在广场舞小姐妹们面前打开包装吃下第一口，一定要说："嗯，还是没有我在全聚德店里吃的好。"

烤鸭的乡愁

游客中的一小股清流，来自南京。

他们倔强地拒绝了全聚德，而选择另一家便宜坊。南京人民的骄傲并不比北京人民少，你们是首都，我们也做过，"旧时王谢堂前燕，飞入寻常百姓家"。更何况，如果追本溯源，北京烤鸭乃是源自南京，论起辈分来，北京烤鸭，得叫南京

烤鸭一声"爷爷"。

南京人牢牢记着，便宜坊最早的名字是"金陵烤鸭"，明朝从南京开到北京，给北京人民送来了烤鸭，如果没有明朝的便宜坊，哪来清朝的全聚德？两家店的烤鸭，最大的差异是烤法——便宜坊是焖炉烤法，用燃料把炉膛烧热，再灭火，以炉膛的余温把鸭子烤熟。全聚德是挂炉烤法，点燃果木，以明火赤裸裸地把鸭子烤熟。

实际上，这种差异在今天的北京烤鸭界已经不再是话题。挂炉烤鸭界的更新换代已经经历了好几次，比如北京不再批准新店用果木作为燃料，更有许多烤鸭店在为新形式的烤鸭炉申请专利，比如大董。焖炉烤鸭则一直停留在便宜坊，成为南京人民怀念六朝古都的一个影子。他们会很认真地告诉你："是'biàn'宜，不是'piún'宜。"但在心里，他们最怀念的，还是秦淮河边乌衣巷里的南京烤鸭，浸泡在卤水中的油汪汪的鸭子，那才是属于他们的烤鸭。

京城里的烤鸭江湖

游客对北京烤鸭的了解终归只是浮光掠影，生活在北京的人们，有另一番烤鸭的选择。

外来务工的北漂们早就不屑在全聚德打卡。他们表现得像一个真正的北京人，热情而又骄傲，带着亲戚们，走向四季民福和花家怡园，还有大董旗下的小大董。要是招待外国朋友，胡同里的烤鸭店最合适不过——位于北翔凤胡同的利群烤鸭店是他们心中的烤鸭界米其林，不提前预约，您可吃不到张老先生的烤鸭哦。这里大红灯笼高高挂，木

窗、木椅子，再朴素不过，但来的每一个人都心满意足，这里，就是他们对于北京的全部想象。

CBD（中心商务区）人民对于烤鸭的选择则更加直接——如何在享受烤鸭美味的同时，吃得更加健康。对于吃下的每一口，CBD人民都会计算卡路里——他们中的很多人，脂肪肝的大小已经可以和法国鹅肝媲美。他们的烤鸭世界观，是让鸭皮更酥，尽可能去掉鸭子的脂肪。幸好，有大董、长安壹号、1949全鸭季、海天阁。这些人均消费三四百的烤鸭店，是烤鸭界里的御苑皇宫。烤鸭吃腻了，还有更美味的限量版小乳鸭；甜面酱配腻了，还有进口的鱼子酱。至于配酒，拉菲、人头马、巴黎之花、麦卡伦，只有想不到，没有买不到。CBD人民很少会想到自己去吃一次烤鸭，更多的时候是商务宴请，请客的人满怀诚意，这份诚意会被吃饭的人接收到，只需要看看门口贴心照顾停车的门童，看看门口挂着的从美国总统到日本首相的照片，再看看盘子里精致的烤鸭，这单子，不签不行！

真正的老北京人，对于烤鸭的选择，比起北漂来，其实更为宽容。因为对烤鸭爱得深沉，他们吃烤鸭，自有一套讲究。白糖也好，黄瓜条也罢，在北京人民的心中，羊角葱＋六必居甜面酱是吃烤鸭的标配，荷叶饼和芝麻空心烧饼是衡量一家烤鸭店水平的关键指标。

在北京人民的心中，吃烤鸭是必须有仪式感的。小孩生日吃烤鸭，老人生日吃烤鸭，家里来了客人吃顿烤鸭，结婚宴上，烤鸭也是一道必备大菜，套用《红楼梦》里一句话："谁家常吃他了？"

不能家常吃，最主要还是从价格出发——"1973年，一只烤鸭子8块钱。"那时候，北京人民一年不一定吃得上一次烤鸭，时间的流速，像老北京人眼里流转的光。20世纪80年代的纪录片里，全家人去全聚德吃顿烤鸭，要花将近100块，所以包好的第一个烤鸭，一定敬奉给家里的长辈。生活水平提高了，烤鸭价格下降了，全聚德烤鸭师傅在北京各地四散开去，北京城有了平价烤鸭。北京人民用最宽容的心态接纳了它们——天外天、金百万、郭林、玉林、大鸭梨、民福居、鸿运楼……这些烤鸭店的价格大约是全聚德的三分之一，它们在20世纪90年代兴起，逐渐形成了烤鸭界的群雄逐鹿，曾经有不止一个北京人向我回忆起90年代的金百万门口排长队的情景，人们扶老携幼，翘首以盼，那是一场盛会。

也曾经有过昙花一现的异端，比如2000年开在建国门的"鸭王"，它定位建国门附近公司人群，模仿港式餐厅服务，人均180元左右，这是比全聚德还高的价格，但食客仍络绎不绝，风头一时无两，甚至在上海等地开起了连锁。

北京人民也会有自己的烤鸭隐秘名单，这些名单更像是一份族谱，从爷爷和爸爸流传到自己这一辈；有时候又像是一份失传的武功秘籍，并不想随意分享给别人；更像是自己童年的梦，有时早已残破不全："我住虎坊桥的时候，有个虎坊桥烤鸭店。""九花山烤鸭店是我心中最爱，没有之一。"

但你如果问他们，北京烤鸭的代表是啥？他们低头想一想，然后，会很认真地回答你：

"全聚德。"

菜品提供 / 轧轧闹忙

包邮区酱鸭研究报告

文 / 梅姗姗 摄影 / 林舒

这是一盘好吃的上海酱鸭。一口咬下去，鸭皮糯而肥美，鸭肉酥软，每一丝鸭肉纤维都沁透了卤汁。因为卤的时间足够，这只野生麻鸭骨头都酥烂了，骨间残挂着缕缕肉丝，骨头与骨头之间还连着晶莹的卤汁冻。嗦一口，酱甜的老卤撩过舌尖，在齿间化掉。咸甜之争是各家口味偏好问题，但因为甜带来的鲜美，则是南方人民集体的智慧。上海人吃酱鸭一般都是以冷盘的形式，一桌上，摆满四喜烤麸、酱鸭、葱油莴笋、糟毛豆、凉拌海蜇。吃一口酱鸭来一口葱油莴笋，再吃一口酱鸭来一口凉拌海蜇，重一淡一重一淡，节奏分明，口腔愉悦，多巴胺快速分泌，爽啊！

上海酱鸭分两种：外面买的和自家做的。而张永红做的，是地道的上海家庭范儿。

家里做东西，别的不敢说，至少"不计成本"这点，哪个餐厅也比不上。但这一点吃的时候是不知道的，一般人只是觉得：哎，这个酱鸭味道可以的。

馆子里的酱鸭，有的肉柴，有的肉紧，好不好吃得看运气和避雷指南。而张永红在家做的酱鸭，一口咬下去，是润的，南方人也有说这肉是"活"的。这是个不大好用语言准确定义的口感，

大白话说就是肉饱，不柴，不干，每一口都有酱汁味儿和鸭肉味儿。

对，鸭肉味儿。这个看似必然的东西如今都很难在普通餐厅吃到了。这不是什么独门秘籍，逐渐在市场消失的逻辑也很简单：餐馆里是要走量的，所以大多数情况下，买进来的都是成箱的冻鸭。一是不知道冻了多久了，二来化冻的过程就是味道流失的过程。再加上为了控制成本，不会买特别肥美的鸭子，所以一岁以内，3 斤及以下的公鸭较为常见。这种公鸭，一来油少，卤制过程

不用担心撇油出现的人工和时间成本，二来卤制速度快，不用过油不用收汁儿，时间够了就出炉。自然吃不出"活"肉的感觉。

家里做就不一样了。比如张永红，偶尔给自己或朋友做鸭的时候，他喜欢买母鸭子，4斤以上的现杀活麻鸭，必须是包邮区产的。倒不是因为江浙沪的麻鸭一定比别的地方的好，只是从小吃到大，熟悉它各种细枝末节的调性。

"为什么是母鸭？市面上的酱鸭可都是公鸭做的呀！"我问他。

张永红笑了："你是不是觉得我做的鸭子，肉很润？那是因为母鸭够肥，在卤的过程中，一直被自身鸭油和卤水的混合物沁着炖着，混合物在沸腾的过程中一直往鸭肉上冲刷，鸭肉吸了油脂，所以整体口感比公鸭做的酱鸭好很多啊。"

"这么简单的道理，那为什么餐厅不用？"我杠精附体。

他翻了翻白眼："餐厅做酱鸭一做十几个，谁帮你撇油啊，卤水怎么过滤？时间成本也是成本啊。"

这个道理，就跟家里做的炸酱面和馆子里的炸酱面有区别差不多。家里的不惜金钱时间成本，总能做出最好吃的炸酱面，但正因为不惜成本，量化就成了一个不可能完成的任务，甚至家里也只能最多一个月做上个一两回。像我们这种既不会做炸酱面又馋炸酱面的，即便知道面馆的绝对不是最好吃的，也只能上那儿解馋了。

张永红酱鸭的好吃，还有一个秘密。

老卤。

卤水作为中国人烹调时一种常见的角色，真正开始广泛使用不过百年。虽说从南北朝开始就有关于酱油的记载，但直到明清之前，酱油都还是个奢侈的物品，并没有飞入寻常百姓家。"要想XX好，香料加老汤"这句厨师熟悉的句式，最早出现在清朝。而这里的老汤，就是我们熟知的老卤。

老卤在卤菜中最重要的价值，是上味儿。一碗流传了十几年的老卤，精心保存后每次通过高温煮沸重新活起，里面多年的香气分子在时间的作用下发生复杂的变化，可以给食材带来完全无法想象的丰富味道。

所以说每个有家传老卤的人，从小伙食应该都不差。张永红就是一个拥有优质老卤的隐形卤二代。从他妈妈开始，在家做酱鸭的时候，就会在卤收得差不多的时候，采集一些卤子过滤干净留作下一次的引子，等到了张永红这儿，这罐老卤估计已经滋养过大几百只鸭子了，可谓集天地之精华。张永红每次卤鸭子的时候，就会把老卤和水混好，根据今天的鸭子具体肥瘦大小下料调味，一次性把卤鸭子的汤下足了，然后每30分钟翻一次身，翻6次后收汁，重新采集过滤老卤，出锅。

老卤里面具体有什么料？打死他都不愿意告诉我。

所以没有老卤就不能做酱鸭了吗？

杭州人说，错。

同样是酱鸭，杭州的做法却和上海天差地别。上海的酱鸭是用火煨出味儿来的，出锅放凉即食。杭州的酱鸭是用卤生着泡出来的，出卤晒干后蒸食。

因为是生的老鸭入卤锅，潜在很多细菌滋生的问题，所以杭州的卤是每次新制的。杭州的酱鸭必须要用当地的湖羊酱油——这种近乎捆绑销售的方法——才能确保每一只酱鸭的纯正杭州血统。

在湖羊酱油里加入桂皮、花椒、香叶、胡椒等香料熬出味道，冷却后，将洗干净的绍兴老麻鸭放入熬好冷却的卤里，至少泡 24 个小时，才能拿出来晒。在天气好的情况下，晒一周到一个月不等，时间看各家对味道的喜好。嫩点就时间少点，韧点就时间长点。

为了探究杭州酱鸭和上海酱鸭的区别，我网购了一只百年老字号杭州万隆酱鸭，按照杭州同事推荐的方法，蒸 15 分钟后出锅。也在这个同事的强烈要求下，煮了白粥。

事实证明，杭州酱鸭必须配白粥才能最大化地发挥出其天地之精华。

因为经历的卤浸时间远长于上海酱鸭，杭州酱鸭的酱咸感尤其浓烈，而且日晒给酱鸭带来了一种意料之外的嚼劲。手里拿着一只蒸好的杭州酱鸭腿，撕拉一口，扯下鸭肉，嚼两口配一口粥，或者像杭州人一样直接把酱鸭放进白粥里，肉越嚼越香，在白粥的加持下咸度也不再那么凸显，反而带来一种源远流长、余味无穷的酱香气，这是上海酱鸭所不具备的。而且，照这个韧劲，多嚼应该可以瘦脸。

但如果空口吃的话，还是上海酱鸭来得更合适一些。杭州酱鸭在没有粥加持的时候，会进入一种越嚼越咸的境界，倘若之前没有习惯高咸度食物，可能会被迫进入当日吃什么都淡而无味的状态。简单总结就是：杭州酱鸭，入嘴需有粥。

纵观包邮区，每个地方都有自己的酱鸭。苏式酱鸭因为用到红曲米所以色泽红亮，口感是最偏甜的。杭州酱鸭因为需要晒干，所以口味是最韧的。嘉兴酱鸭则取上海和杭州之所长，味道是最浓郁的，而上海酱鸭则是名声最响，也是最容易让大众接受的。

无鸭不成席，所以鸭鸭们即便可以飞出了鸭都南京，也飞不出包邮区的手掌心。

来，今天也要一起吃酱鸭！

会斩酱鸭，跟会做酱鸭一样重要

鸭脖子怎么就成了武汉的特产？

文 / 蒋小娟 插画 / 突突

一不留神，鸭脖子突然成了全国人民心目中知名的武汉土特产。对于这个看法，列祖列宗在上，武汉人民真的不能认。

作为一个武汉人，一个正宗的武汉人，平生最恨的一句话就是：武汉？武汉的鸭脖子很好吃！

每当此时，我心中都一万次炸裂——我们真的没有吃鸭脖子的传统。云梦大泽故地，毛主席老人家来武汉，写的也是"才饮长沙水，又食武昌鱼"，根本没鸭脖子什么事。

但鸭脖子在全国的火爆，确实源自武汉的一部小说。武汉作家池莉在 2000 年发表了一部中篇小说《生活秀》，女主角来双扬在汉口吉庆街开了家卖鸭脖子的小餐馆。两年后这部小说改编为电影与电视剧，演尽人生的浮浮沉沉，收视爆红，按现在的话是流量担当的大 IP（知识产权）。

摸着良心说，连我都是通过这部电视剧才知道我们武汉居然有一种叫鸭脖子的东西……心心念念地想要尝试一把，被我妈厉声呵斥："鸭脖子上都是血管，有什么可吃的！看个电视剧不学好！"后来总算背着我妈跑去吃了一回鸭脖子，印象不佳，这东西对我而言始终是食之无肉，弃之可惜。

有经济学家算过一笔账，说拆开卖的鸭货利润远远高于一整只鸭子。鸭货，其实是鸭子的边角料：鸭胗肝、鸭舌、鸭掌、门腔之类。鸭胗肝香气浓郁，有嚼劲，是让人欲罢不能的小零食。旧时闺秀私下里都爱吃吃鸭胗肝，啃啃鸡脚爪，和女朋友说说亲密的闲话。鸭舌更是一只鸭的精华，张爱玲最爱一道鸭舌小萝卜汤，"咬住鸭舌头根上的一只小扁骨头，往外一抽抽出来，像拔鞋拔……汤里的鸭舌头淡白色，非常清腴嫩滑"。至于江浙一带流行的糟卤鸭掌，清爽弹牙，更是糟货界扛把子的选手。

但是，鸭脖子算什么呢？！

鸭脖子，干硬难嚼，啃起来除了满口辛香料外，实在没什么吃头。个中美感，怕只有《红楼梦》里单爱拿油炸焦骨头下酒的夏金桂方能体会。恕我等爱好大碗喝酒、大口吃肉之辈无法欣赏。我的一位朋友，总是遗憾我居然领会不到鸭脖子的妙处："骨肉相连，颇有嚼劲，最妙是吮骨节中的骨髓，'滋溜'一声，太有成就感了"，每说到此处必然望向我，做痛心疾首状。

那么，池莉女士为何会选择鸭脖子作为小说的一个亮点？我琢磨了下，大概是因为比较有气势。湖北人把家中主事的女人称为"女将"，颇有顶门立户之气势，小说中的来双扬倒真是一名典型的"女将"。试想，有什么能比在案板上铿铿锵锵地斩断一只鸭脖子更威风？有什么能比手执一把利刃更能体现我湖北女人的泼辣与硬气？煮馄饨？炸面窝？都弱爆了。

好吧，借着热播剧，全国人民一夜之间知道了武汉的鸭脖子……所以鸭脖子的走红，也就是2000年以后的事。

鸭脖子的走红，也不能完全说是小概率事件。湖北有很多湖，也有很多鸭子，不过鸭子的吃法，多半也就是红烧或清炖，没有特地要吃鸭脖子一说。没什么肉的鸭脖子反而是被当作"废料"，与鸡爪、豆干之类的，做成卤味，是便宜的下酒菜。辣鸭脖实际上是酱鸭的一个变种，而酱味并不是湖北菜的传统。所以，我一直好奇它是从哪儿传来的。有资料称，它的起源是湖南常德，后传入湖北与川渝。这种说法是否属实，还有待商榷。不过武汉最有名的鸭脖子周黑鸭，确实不是武汉人的发明。

二十多年前，重庆人周富裕来武汉三镇讨生活，一头扎进菜场里做起了小本买卖，卖酱鸭，后来发迹。老实说，这种辛辣中带微甜的口感算不得惊艳，武汉街头的熟食铺子大多数都不输这个水准。不过口味这件事，仁者见仁。我妈倒是从不买周黑鸭，并一贯阴谋论地指出："黑黢黢的，也不知是放了什么东西。"不过周老板精明，铺天盖地地做广告，曾经还在2012年花钱冠名了武汉的江汉路地铁站。当时舆论哗然，全城炸裂！江汉路是什么地方？大汉口之光！六国租界区的地标，堂堂江汉关镇守的一方宝地。愤怒群众几乎要把武汉地铁公司钉在"卖国贼"的耻辱柱上。后来，"周黑鸭·江汉路站"的招牌终于被拆了下来……

武汉另外两家名头较人的鸭脖店，一家是精武鸭脖，一家是久久鸭，创始人也都是重庆人，这倒也解释了为何辣鸭脖比湖北家常菜的口味更麻辣。看来，这股风潮很可能是沿长江顺流而下，在汉口港上岸，最终扎根下来。就像池莉小说中描写的一般，武汉这座市井气十足、泼辣爽直的城市，冥冥之中倒是与辣鸭脖的风格相得益彰。特别是在溽热的夏夜，几瓶冰啤酒，一碟鸭脖子，足够在穿堂风的巷口坐到深夜。

武汉美食有个有趣的现象：除了"饭稻羹鱼"的传统湖北菜，经常会有某爆款一阵风地刮过，热遍全城。香辣蟹、蒸虾、牛骨头……东西南北风轮番刮过，每次回趟家都有新奇发现。这不禁让我感叹：为何我大武汉在吃这件事上如此墙头草？

想了想不外乎是物产丰富，"湖广熟，天下

足"，各地的食材在这儿都容易找到，操作起来方便。再来就是码头城市天生的包容心，见惯了南来北往的人流与货运，使得我们很乐意尝试新鲜玩意儿。有些事物流行一阵子也就过去了，有些则被融合吸收，成为本地生活的一部分。

于是，神经大条的武汉人高高兴兴地让鸭脖子充当了城市的美食名片。当然，冠名地铁站是不行的! 然而，真正的一个武汉胃还是热干面养大的。对于离家在外的武汉人来说，返乡的那一刻并不是飞机降落、火车进站；而是坐进早点铺子的瞬间——一筷子热干面，一口蛋酒下肚，喔当一声，这才算元神复位了!

鸭头

鸭头一定要对半切开再来食用，第一步吃掉鸭脑，第二步弃掉鸭眼，剩下的部分就可以慢慢啃食了。

鸭脖

食用鸭脖需要耐心，慢条斯理地啃至露出整段骨头，再将骨头一节节分离、吸出滑嫩的骨髓，这份贪婪的快乐只属于成年人。

鸭舌

鸭舌是看剧的良配，一只鸭子只有一根金贵的鸭舌，带着这份负罪感吃，更觉得鸭舌美味。

鸭翅

鸭翅的第一口，一定是外层最肥厚的地方，凝固的卤汁在口里融化，皮肉韧性之余带一点油香。

鸭掌

鸭掌的精华在掌心，前面的部位都是铺垫，等咬到连着筋肉的肥厚掌心，吃鸭掌才算正式开始。

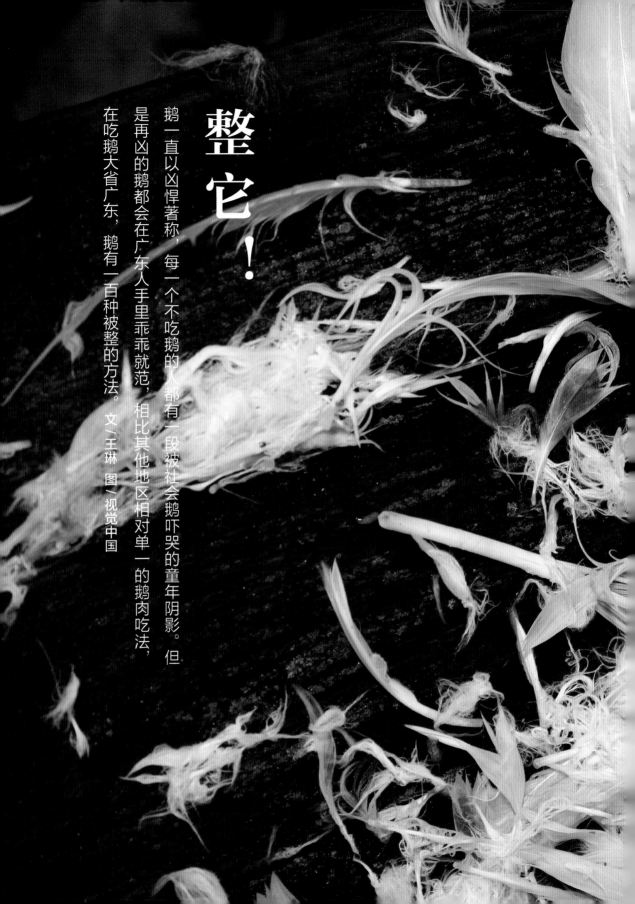

整它！

鹅一直以凶悍著称，每一个不吃鹅的人都有一段被社会鹅吓哭的童年阴影。但是再凶的鹅都会在广东人手里乖乖就范，相比其他地区相对单一的鹅肉吃法，在吃鹅大省广东，鹅有一百种被整的方法。文/王琳 图/视觉中国

"鹅" 们是快乐的广东人

文 / 刘薪　插画 / 喔哦噢呕少年

用一句流行语说，"没有一只鹅能够活着走出广东"，但这句话有点不太确切，不光是鹅，无论是传统"三鸟"——鸡、鸭、鹅，还是乳鸽、斑鸠、鹧鸪，反正"百鸟归巢"，都是进了广东人的胃。

广东人什么时候开始养鹅、吃鹅，有传说是一千年前的宋朝，广东清远在那时就已经开始饲养乌鬃鹅（又叫黑鬃鹅），然后更绘声绘色地说，南宋落难的皇家厨子把江南烧鹅的技法传到了新会古井，成为"古井烧鹅"。但深圳深井又跳出来说，皇家秘方是传给了他们的"深井烧鹅"。对这"双井之争"，真的可以一笑而过，不过有一点是可以肯定的：广东烧鹅与北京烤鸭有同一个祖宗，就是南京的金陵烧鸭，自明清以降分别传入两地，演化成了如今的模样。

等下，不对呀！鸭和鹅明明是两个物种，是的，但是橘越淮而为枳，鸭鹅越南岭而小只——简单来讲，就是瘦，皮下脂肪少，而鸭比鹅更瘦。正如你在广州街头很难看到一个胖子，广东的鸭比鸡大不了多少，每只也就一两斤，比四五斤重的北京填鸭个头小太多；而广东的鹅每只也就是六七斤重。如果拿一只广东的鸭去烤的话，烤不出北京烤鸭那种"脆皮"；如果改用广东的鹅则恰到好处，肥厚的胸肉烤得红锃发亮，肉质饱满嫩滑，油而不腻，烧味店里的师傅拿钩子钩起，全部是鹅胸朝外，整整齐齐地挂在橱窗里，光是想想都馋得流口水。

鹅很难在家里自行制作，仅以烧味档的常备选项而言，白切鸡、酱油鸡、叉烧、烧腩都是可以自己小试身手的，而烧鹅则不可能。不要说家庭了，连普通餐馆都未必能做。香港米其林烧鹅餐厅"镛记"创办人甘健成就曾经解释过，镛记为什么不开分店，是因为在创立之初向香港政府申请了一个炭炉牌照，但是现在如果要再申请的话，因为环保的原因，应该不会再批了。炉子只是烧鹅的"基建"，真正的调味、上色，观察火候和决定时间，技术还是在师傅心中。除了烧鹅以外，潮汕卤鹅的做法也极其复杂，一般人不易掌握，普通家庭唯一可以做的是"三杯碌鹅"，技术含量略低一些。

但难做并不妨碍烧鹅的扩张，与独守总部的镛记相反，香港的太兴烧味餐厅就是要反其道而行之，抛弃炭炉而用电炉，秘方不再是师傅心中的秘密，而是一套标准化的调味、烤制和出炉流程。太兴烧味集团董事总经理陈永安曾经说，这就是为了让不太熟悉烧味制作过程的人，都能按照配方完成工序，而且品质能够得到保证。即使分店开到了内地，甚至海外，只要有设备和材料，谁都能成为"烧味师傅"，甚至女性也可以——以前虽然没有禁止女性入行，但因为一挂炉里十几二十斤肉，女性根本转不动烤叉。有了机械化烤炉，半头猪都能轻易转动，而且女性比较细心，还能及时发现烤焦等特殊情况。

广东的气候一年四季都适合养鹅，从农业的角度看，鸭与鹅都可以与稻田、鱼塘共生，在鱼米之乡、水网密布的珠三角地区比较方便养殖，但是广东四大鹅产区：清远、开平、阳江和潮州，都在珠三角之外，为什么呢？因为这些地区种粮养鱼不如珠三角，甚至还有部分山区丘陵地带，而一来鹅吃草就可以养活，二来生长速度虽然与鸭子差不多，但是鹅的经济价值明显更高，养鹅更能赚钱。假设你是一心要奔小康的养殖户，你当然会选择养鹅了。

不过，如果你身在潮汕地区，全村都是一心要奔小康的养鹅户，那你最好还要有一点好胜心。潮汕地区不少村子有"赛神"的习俗，有的甚至保留到今天。而"赛神"，通常包括"赛大鹅"，家家户户选出自家最好的鹅，摆出来比一比，最后供到祭坛上，神明和祖先都是"评委"。这种比赛对于选育优良鹅种功不可没，因为养出一只大鹅，不仅能脱贫致富，还有光耀门楣、扬威乡里之效，搞不好满天神佛都会保佑你。所以，潮汕的狮头鹅为什么能卖这么贵，人家从三十八辈祖上就开始参加选秀，PK（淘汰）掉各路歪瓜裂枣只为了 C 位（中间位置）出道，不卖这么贵都对不起导师，哦不，是农户的养育之恩吧。

就是这样的比赛，赛出了人类历史上——你没有看错，不是华南历史，也不是中国历史，而是人类历史——最大的鹅类品种狮头鹅。说起潮汕的狮头鹅，那真的是"鹅中之狮"，一只狮头鹅有十多斤重。其鹅头除了造型独特、一脸凶相以外，也是整只鹅价格最贵的部分。

卤水是潮汕菜的一个主打做法，狮头鹅也是以卤制为主。为什么狮头鹅不能做成烧鹅呢？有资深粤菜厨师说了一个小秘密，因为狮头鹅太大只，尤其是胸肉很厚，烧起来不易熟；而且狮头鹅的脂肪比例比一般的鹅低，也就是更瘦，容易发生要么烧不熟，要么烧得太柴的情况，这样一来，卤制就与狮头鹅最配了。

卤制还有一个好处，是全鹅都不浪费。君不见广式烧鹅是被砍去脚掌和鹅翅的，只斩剩一个"腋窝"够挂铁钩就行了，因为这两个部分一个是胶原蛋白，另一个犄角骨头太多，放到挂炉里也会变成柴，所以这一对"手足"必须另外组合重新出道，成为"掌翼"这一道菜，或是红烧或是卤制，但如果全鹅都是卤制的话，就没有这个问题了，想想也是，祭祖的大鹅当然是要全只奉上，不然少了一对鹅掌，祖奶奶吃什么来补充胶原蛋白呢？

我也吃福建鹅！

与廉政公署有一腿的烧鹅，你敢吃吗？

文 / 刘薪　插画 / 突突　图 / 视觉中国

一条完整的鹅腿大约能占全鹅重量的八分之一，香港人笃信烧鹅的左腿比右腿好吃。那烧鹅的黄金左腿是怎样炼成的？

香港什么东西最难吃？相信是"入廉记饮斋啡"。

"廉记"是香港廉政公署的诨名，"斋啡"就是黑咖啡。这杯咖啡有什么特别？无他，就是苦涩。如果廉记邀请你去，多半是你已经"因为严重违纪违法接受调查"了，咖啡再好，喝起来也不是滋味。

近日湾仔利东街重建，竟然开了一家"廉记冰室"。老板也是讨巧，将"廉记"注册成商标，而且里面还真的卖咖啡。某日在廉记吃早餐，旁边一桌是四个大汉。他们先吃完，就开始"吹水"（侃大山），其中一个看着店里墙上的牌匾"廉而有信"说："怎么会有'廉而有信'的事情呢？你问问当香港差佬的为什么要当警察，还不是因为薪高粮准（工资高，准时发）？"

其他三个大汉一时陷入了沉默，那位继续说："没钱怎让人做警察？现在没得收'陀地'（保

护费）啦。"确实，香港警察现在看来是勇敢勤奋的象征，港剧里更显得英明神武，但是在20世纪60年代到70年代初，香港警察就是贪污受贿的无耻之徒，而且从基层警员到高级警司全面陷落，用今天的话来讲就是"塌方式腐败"。贪污问题在1970年至1972年尤其严重，警察与黑社会相互勾结，沿街巡逻的警察同时也在逐家商店收"陀地"，如果警察大人饿了要来吃饭，店主非但不敢收钱，还要以最好的饭菜奉上。

所谓"烧鹅左腿最好吃"的传说，也是在这样的背景下诞生的。

烧鹅本来就是烧味之中最贵的一种，一是因为鹅的价格远比鸡、鸭贵，二是烧鹅很难家庭自制，不像叉烧、白切鸡，好坏还有"低配版"，烧鹅只能从店里"斩料"。

烧鹅哪一部分最贵？当然就是鹅腿了。在香

港，一只鸡腿或者鹅腿是"下髀"（下腿）加"上髀"（大腿）。一条完整的鹅腿大约能占全鹅重量的八分之一；再加上广东人讲究吃"运动的肉"，吃鱼要吃鱼尾，吃鹅当然是要吃鹅腿了。

那么左腿和右腿有什么区别？传说当年收取保护费的警察来到烧味店，不太确认这家的保护费收了没有，于是就问店主，"唔该一份烧鹅髀饭，唔知系左髀定系右髀好食？（请来一份烧鹅腿饭，不知是左腿还是右腿比较好吃？）"店主心领神会，因为"左髀"倒过来是"俾咗"（给了），如果回答"左髀"，那警察就知道这家已经收过了。

有一点可以佐证，在广东食用鹅的四大产地——潮州、清远、开平和阳江，以及粤菜摇篮的顺德、食客云集的省城广州，都没有"左腿比右腿好吃"这个说法。介意左腿和右腿的，只有香港。或者说，只有当年那个警匪一家、贪污遍地的香港。

在这个危急存亡的关头，1973年英籍总警司葛柏被发现拥有超过430万港元财富，而且来源不能说明，但是葛柏潜逃英国，引起了老百姓对贪污怨气的总爆发。港督麦理浩决定成立独立的反贪机构，廉政公署在1974年成立了，直接对港督负责，对警署来了一次从上到下的大清洗，葛柏被引渡回港受审，"五亿探长"吕乐潜逃加拿大，从此"ICAC"（廉政公署）名震香港，烧鹅店、香烟店、鱼蛋摊和大排档们，再也不用担惊受怕了。

话说回来，烧鹅最好吃的部分是不是腿，这也得看你会不会吃。香港烧鹅之王米其林餐厅"镛记酒家"已故总经理甘健成曾经接受访问，说

爱吃鹅腿的多数是年轻人，或者是小朋友。而介意脂肪摄入的中环小姐，喜欢吃鹅胸——请勿想歪，不是以形补形——因为鹅胸肉脂肪少，瘦肉多，多吃不怕胖；如果是喝白酒的酒客，通常会以鹅背肉作为下酒菜，因为背部皮香肉嫩。如果佐以红酒，就要吃"鹅碎窝"，这也是甘健成最喜欢的，他形容是全鹅"最刁钻"的部位，就是鹅颈下方、胸口以上、锁骨中间的一块圆圈位置，据说这里是鹅吃饲料的必经之地，也是一块"运动的肉"，脂肪几乎为零，但是没有肉，只有皮，而这块鹅皮据说"脆到粉碎"，而且每只鹅只有一块"碎窝"，可以说是很珍贵了。以后吃烧鹅，不要一上去就抢着吃腿，更不用抢着吃左腿了。

"啊，你可别说，这家店起码一个月要交20万的'陀地'吧。"四个大汉继续八卦。我心里一惊，怎么，这年头还有收"陀地"的？是警察还是黑社会？他旁边的人接道："那肯定啦，利东街重新开发过，装修不用钱吗？每个月20万跑不了吧。"

哦，原来他们说的"陀地"，是地产商收的啊。

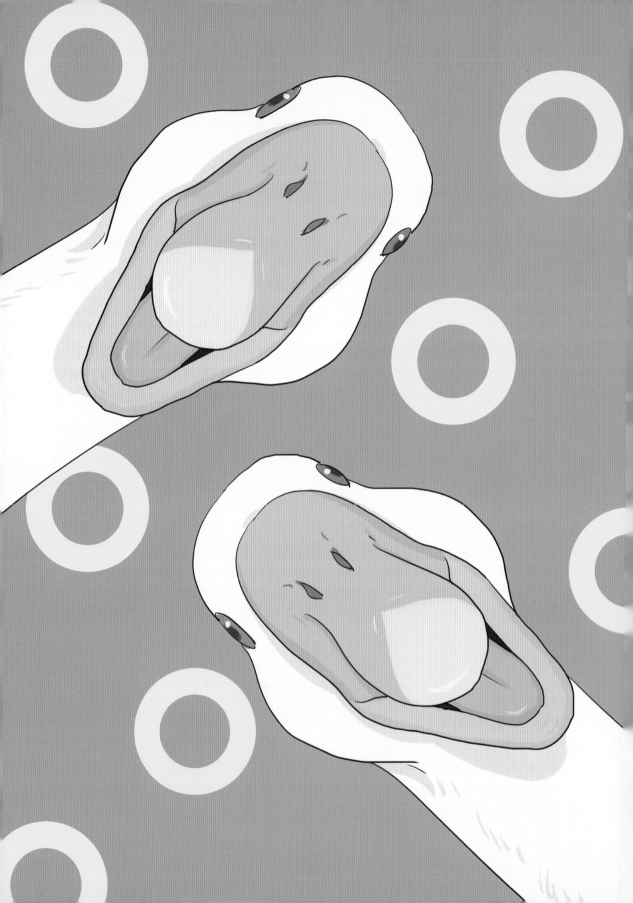

放弃任何烧鹅大法，
要吃潮汕千元一只的鹅头

文 / 王恺 插画 /Tiugin、蔓蔓

不光姜是老的辣，鹅头也是老的香。老鹅头的精髓在"老"，鹅头来自百里挑一的老公鹅，成熟的味道秒杀一切小鲜鹅。

吃到澄海的乌弟家的第一口鹅肉，就被镇住了，中国传统的饮食类肯定有鹅这一大项，各种烧鹅、蒸鹅、卤鹅，可是像澄海地区卤得如此鲜美、入口即化的，也是少数。扬州一带有莴笋烧鹅，都是常见的美味，可与潮汕的卤鹅相比，顿时失去了颜色。

卤鹅是潮汕的特产，当地的卤味以卤鹅为根本。当地的餐馆一定要有卤鹅，可能和这里的祭祀传统有关系。

这里信奉的神灵众多，许多场合都需要整只的鹅或鸭去做献祭，当然家家户户都有了自己的卤鹅手段，家家户户也都有自家的卤钵。不过这么多年下来，还是流行鹅肉的鲜嫩，从来没有听说过卤制老鹅的。

不仅仅是鹅肉嫩，鹅的任何部位，都讲究入口即化。比如切一盘拼盘鹅肉，店家一般会配上几块鹅血，一段鹅肠，少许鹅头，共同特点都是舌尖上能尝到那种鹅肉油润的融化感；当然，鹅肝是需要另外点的，也很肥腴，用卤汁和鹅油慢慢浸熟的鹅肝，入口就化，嘴巴里全部是它的香味。

所以老鹅头的流行算是件奇怪的事情，也就是这两年，不以嫩著称的老鹅头突然出现在潮汕人的餐桌上，这种老鹅至少需要两三年才能长成，骨头特别硬，甚至需要专业的厨师才能切开。问张新民，他解释说，还是因为潮汕人的好舌头，他们并不忌讳新出现的味道和口感，只要是好东西就行。最早的老鹅头，起源于汕头旁边的鸥汀镇，"可以去那里看看"。

我们凌晨5点进了鸥汀镇，因为在这时候，各家各户已经快完成了他们的卤鹅过程，分别送到广州、深圳和汕头市区去，那里有专门的客户等着。这种卤味，都是当天卤好当天食用，不能拖延，当地的卤味原则就是这样。

暗黑的街道有点看不清，可还是能闻到阵阵香气，那是大锅卤味的特殊香气，随便走进一家小卤房，都能被这个味道笼罩住。带我们去的李小姐领我们去她家的卤制厨房，告诉我们要仔细分辨，有些卤锅里面添加的是鹅肉精，那种味道，初闻很浓，可是闻久了会觉得不舒服。真正的老鹅，是绝对不会添这些东西的，因为鹅本身的味道已经很浓郁了，边说，边从锅里捞出了一块硕大的鹅胗让我吃。啊，老鹅的胗肝，耐嚼，可是香味更浓厚，相比之下，嫩鹅虽然口感好，可是香味远远不如。这时候我有点明白，为什么老鹅头可以流行开来。这是一种突出香味的食物，说到底，还是潮汕人对吃的要求的多样化造成的。

整只鹅，翅膀部位往往用绳子绑上，因为容易熟透掉下来，而临近过年，很多人是要买回家先给祖宗供奉的，当然需要完整，这也是卤制老鹅比较麻烦的地方。

整个潮汕地区邻近韩江的水域都是养鹅的好地方，尤其是三角洲地区，茂盛的水草环境哺育了著名的狮头鹅。这是此地著名的鹅品种，据说外地出产的就不是这个味道。之所以叫这个名字，是因为鹅头硕大。老鹅头因为脸皱肉多，有很大的鹅下巴，一个卤好的老鹅头有几斤的重量。老鹅头不同的部位口感各异：有软韧的鹅冠，还有坚韧的鹅脖，而脸颊就有数种口感，所以成为压倒嫩鹅头的食物。

这些老鹅，基本都是配种的公鹅，100多只里面只有1只，身体强壮，远超一般的鹅。一般配到两三年后，会被送到屠宰厂，对于老公鹅是不幸的，可是对于吃的人来说，就没那么多考虑了。

鸥汀镇现在做老鹅头大名鼎鼎的是林德芝，他一手把那里的老鹅头带进了汕头，价格超过一般的鹅肉。这里面，还有一个比较常见的勤奋故事：当地一般人家不愿意做老鹅，家庭设施也不行，要煮三四个小时才能烂透，可是鸥汀镇是著名的家禽批发市场，一群鹅里面总有几只老的，天然就有很多老鹅需要销售。抱着试验的心态，林德芝开始在鸥汀镇的集市上卤制老鹅销售："刚开始很难啊，没有人喜欢，10只嫩鹅都卖掉了，老鹅还挂在那里，当地人觉得老鹅有味道，不好吃。"后来城里来的几位汕头人吃到了，一下子喜欢得不得了。"那鹅头，是完全不同的，鹅冠软，经得起嚼，特别香；脖子上的肉可以撕成一缕缕地下酒，口感特别饱满，又油又甜。他们买习惯了，加上小镇上生意不好，后来我就索性搬到汕头城里做卤味了。"

很快，鹅冠就成了当地好吃客的必点菜，"有人说口感像鲍鱼，有人说口感像花胶，就是那种又韧又饱满，而且不会咬不动，里面的肉还特别酥"。

现在站在面前的林德芝，是典型潮汕成功人士的模样，粗大的金项链，手里两部手机快忙死了，名下已经有几家卤味店和大酒店，王牌菜就是老鹅头，他自己的手艺也还在。"卤鹅头，我的香料配方，和别人不一样，会特别加当地的米酒，还有茴香。切鹅头也特别复杂，别人的嫩鹅

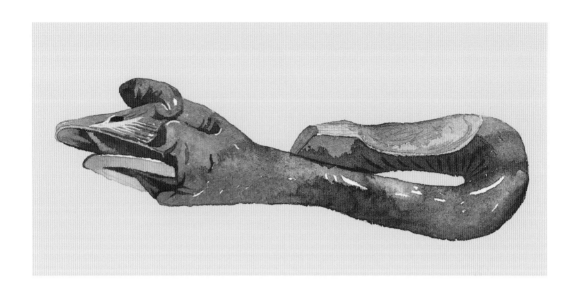

是很容易就能切开的，我们这里要培训，必须学会关节在哪里，才能切得漂亮。"他说。把老鹅头切漂亮的手艺需要培训半年才能学会。

我动员他的厨师切一个老鹅头给我们看看，厨师马上面露难色，原来一个鹅头价格接近 1000 元，非顾客购买不能切开。

完全舍不得。

切鹅头，要总经理特批。

"怎么那么贵啊？""对，就是这个价钱了。别的鹅，一斤肉六七十元，鹅头也不特别贵。可是我们的老鹅头，价格是 228 元一斤，每只鹅头有三四斤重，自然也就是这个价格了。"根本原因还是原材料的成本贵，他们选的老鹅，不能太肥，也不能太瘦，也不能太老，"太老了还是咬不动，而且费工，要专门雇人每天凌晨拔鹅头上的细毛，这么一来，成本越来越贵"。不过后来还是切开鹅头给我们看，厨师不知道怎么就劈开了鹅头，一段段脖子，像花瓣。而鹅头上的软冠，被切成细

片，有一种特殊的诱惑。

其实，不仅是潮汕，很多厨师都会挑选家禽的冠，做成好菜，我就在一家米其林餐厅吃过鸡冠炖芦笋，当然是因为鸡冠鹅冠都有自己特殊的质感，不那么老，外部韧内部溏心，是天然的好食材，老饕不会放过——不过知道的人不多罢了。

老鹅头被推选出来，还是因为香港食客的捧场，现在香港常有美食旅行团过来寻找吃的，最后找到了老鹅头，一桌人切一份就好，蘸店家提供的特殊蘸料，那香会更加突出，每人都能尝尝不同于深井烧鹅的卤鹅头的味道。

因为生气于店家小气，他们招待的二十八元一份的鹅肉饭我们也不想吃了。

犹豫再三，我最后还是买了只老鹅头带走，带回了北京。虽然贵，可是在自己家的餐桌旁，就着浓郁的酒，把鹅头肆意撕开，吃着又韧又香的各个部位，还是特别得意的。吃法比较狰狞，可是真的有一种散发着油脂香的异常美味。

鹅掌恩仇录

文 / eimo　插画 / 蔓蔓

说来吊诡，传统广府筵席菜里，禽类以鸡、鸭、鸽、鹧鸪为尊，唯独鹅不上台面。袁枚所著《随园食单》"羽族单"洋洋洒洒列出的 47 道家禽菜谱里，鹅只占 2 道。而它的副产品——鹅掌却能搭上鲍鱼、海参，成为如今高级粤菜食府里的硬菜。

　　喜吃鹅掌的人，对它总是怀着爱恨参半的情愫。爱它胶质丰富的软糯口感，恨其骨多，毫无优雅吃相可言。你得手口并用，准确找到鹅掌骨头和软骨的连接处，干脆利落咬断，然后才能用唇舌和牙齿仔仔细细剥下它的外衣，轻拢慢捻抹复挑，历经漫长前戏，享受到的高潮不过一瞬间。这正是吃鹅掌的乐趣所在，就跟吃鸭脖一样，不求饱，只为过一把口瘾。

　　被去骨的鹅掌总是少了点趣味，比如鲍汁扣鹅掌。正儿八经的酒楼做法，难点就在于完整去骨。一个好的厨子深谙鹅掌里每道筋络，刚柔并济，把长骨取掉后鹅掌表面还能保持完整，手法之高毫不亚于外科医生。

　　古人做鹅掌的方式相当奇葩。据江献珠的恩师、20 世纪 90 年代香港知名食评家陈梦因先生记载，传说中做得最标准的红烧鹅掌，制法如下："先将活鹅的鹅掌洗净，置铁楞上，盖以竹笼，下用文火烤炙，铁楞逐渐加热，铁楞上的鹅自然噭跳不已，然后饮鹅以酱油和醋，是时鹅仍在铁楞上跳跃，受了高热的鹅掌也逐渐发大，直至于活鹅被炙热至不耐，其掌也发大至像一把扇，然后斩其掌吃之。"

　　如果这是真的，也未免太过残忍。现在厨子处理鹅掌通常先汆水再过油，搭配干鲍、冬菇、高汤等鲜味配料增味，烹饪手法也主要以焖、扒、扣、红烧为主，最后勾上一笔浓墨重彩的芡汁，才能和口感软糯肥厚的鹅掌相辅相成。

　　向来务实的老广更喜欢这个接地气的吃法——鹅掌煲。每到秋冬，嘴馋食客就开始惦记"广记餐厅"那口炭炉。这家藏在广州万福路骑楼下的老字号，靠一味"掌翼煲"屹立十几年不倒，多年来维持着老派装修和口味，唯一的改变，应该是室内不能再烧炭，改换为电磁炉，要感受传统炭炉风味只能移步室外。

煲里青翠大葱段和红褐色汤底相互映衬，伸勺一捞，满满的鹅掌鹅翅，料十分足。汤底大概下了八角、甘草等香料和柱侯酱，兴许还有冰糖或罗汉果，咸中带甜，你若想往细里问，店主只会甩下一句："秘方。"等汤底越滚越浓，便成为绝佳卤汁，香气直飘出门外，勾得过门人心痒痒。

吃这掌翼煲要极其耐心。等炉火烧旺，至少悠笃笃炖上半个时辰，才能开吃。其间总有人心急火燎想去掀煲盖，阿姨忍不住出口提醒："靓女，米咁猴急，未得咖！"（美女，别这么急，还没好。）终于等它煮开，先瓜分一轮鹅翅，再加入炸芋头、支竹等配菜同煮。吃鹅翅请记得蘸那碟"黑白双煞"——白腐乳甜面酱，能让味道呈几何级指数升华。一锅只配一小碟，想添还得额外加钱呢。

待汤底由浓变淡，再由淡变浓，如是反复两三次，最后鹅掌酥软得轻易便可骨肉分离，味道尽数渗进鹅骨中，这才是极品。几轮菜涮下来，同台饭友大多没什么战斗力了，只剩我一个人默默啃着最后的鹅掌，卖力将碟中骨头堆成小山，内心不禁默默奏起了小五郎的战歌。

同样爱鹅掌的，还有潮汕人。他们吃得极其精细，无论是一头牛还是一只鹅，进了潮汕人锅里，只有被彻底吃干抹净的份儿。

跟广州人热爱扒、扣不同，做鹅掌，潮汕人喜欢用卤的。每家都有独门卤水配方，经过成千上万只鹅的浸润，年复一年，沉淀出老卤的隽永滋味。小餐馆和夜粥档做的卤鹅掌通常偏咸，下酒配粥皆妙物。而高级酒楼会处理得更平衡、精致，卤水味不抢风头，各种香料层次分明地铺开，越啃越香。

现在年轻一辈的潮汕人已经不满足于卤水冷盘，他们发明了攻击性更强的神物：卤水火锅。不久前被汕头土著带去饭点永远排队的名店"围炉夜话"，只见深棕色卤水上荡漾着一层亮晶晶的葱油，香气近乎谄媚。他特别叮嘱我刚开锅就得把鹅掌丢下去，一直煮到最后，直至鹅掌肥厚的皮都膨胀起来，好吃是好吃，但相比传统卤水冷盘，就有点像用力过猛的网红。

我吃过印象最深刻的鹅掌，竟然是在泰国曼谷一家潮州餐厅，颇有"礼失求诸野"的意味。

南洋卖猪仔时期，不少潮汕人流入泰国，经过一代代沉淀发展出独特的"泰华味道"。百年潮州菜馆"廖两成"是极守旧的一家，自1891年至今，传承四代，仍沿用炭炉做菜，小至酱汁都是自家制，保留着老派潮州菜的做法和味道。

虾枣、粿卷、生腌虾……终于等来充满古早味的镇店招牌"鹅掌捞面"。蒸过的鹅掌再入砂煲焖焗，在原始木炭火的热力作用下，鹅掌彻底释出胶原蛋白，皮肉将化未化，连骨都变得酥软。更要命的是他们独家调配的酱汁带着沉郁香料和药材香气，最后黏稠的浓缩酱汁和大量猪油紧紧裹住每根面条，每口都是精华，无上美味，出了曼谷再也吃不到。

风 鹅 来 袭

文 / 赵志明 插画 / 突突

说句老实话，闻到风鹅的浓郁香味，天底下是没有几个人还能坐得住的。

鹅字，左半边是"我"，右半边是"鸟"，一看就不是浪得虚名之辈，乃"扰戈之鸟"，日夜警醒且好勇斗狠，发飙起来能一口气追击敌人几十米，一旦咬住了轻易不松嘴，而且还会摇头晃脑地"拧"。这可不是女朋友嗔怒时的掐或拧。俗谚说的好，宁可遭狗咬，不敢让鹅拧。鹅喙内两侧，还有舌挑上，都是细密倒刺，跟锯齿一样，青草被它一截即断。溧阳的小佬家（小孩子）几乎都有被大白鹅追得到处跑的经历和阴影。

凶悍的白鹅竟然是素食主义者，这一点很出人意料，由于在水里吃水草，在岸上吃青草，在栏里吃稻谷，戒绝了虫蚁鱼虾螺蛳，是否因此导致它的肉没有腥膻味不好说，但干净是无异的。白鹅食量极大，又特别贪吃，如果不定时定量投喂，它们会一直吃到长长的食管都凸显出来，像一根大蚯蚓，食物堆到下巴处都不肯罢休。因此

又有呆头鹅杠头货一说，很容易养膘。

成年鹅重达十几二十斤，和鸡鸭同栏，蛇来了戳蛇，黄鼠狼来了戳黄鼠狼，一副"我才是扛把子"的架势；更凶狠的野猫和更狡猾的贼人来了，它自忖不敌，于是大声鸣叫，示警传檄，也能让强敌偃旗息鼓地败退。因为叫声洪亮，嘎嘎嘎得像爆竹，因此又得名"嘎鹅"。

江苏溧阳地处长江下游，水网密布，才会随时撞见"前面一条河，游来一对大白鹅"的场景。农家养鹅，一般都会养一年以上，一来鹅蛋远比鸡蛋鸭蛋金贵，二为白鹅领地意识极强，可以看家护院。家养一年以上的白鹅才能称之为老鹅。在以前，来了客人，老鸡婆、老鸭、老鹅煨汤，是主人家拿得出手的最好的招待。

制作风鹅过程如下：先用菜刀割鹅喉咙放血，沥尽血煺光毛之后，再用剪刀于鹅肩鹅尾部铰出

两眼洞，从前面拽出喉管，从后面掏空内脏，以食盐内外用力仔细涂抹几遍，浸泡在咸水缸（卤水缸）中，一周后出缸晾晒风干。鹅的块头大，颈梗长，和鸡鸭同样挂在杠子上，脚爪便要够到地面。晾到表皮发硬，里面的精肉紧致泛红，油头源源不断地渗透出来，风鹅也就大功告成。溧阳人家家户户都会腌制的风鹅，秘诀就在于一个老字，一个咸字。

如法炮制腌制的老鹅风味绝美，是佐餐下酒的首选。袁枚在《随园食单》中极力推崇的"云林鹅"，《红楼梦》里芳官挑食的"胭脂鹅脯"，名称虽然有异，但万变不离其宗，口味虽有不同，打底的都是风鹅。风鹅，风鹅，风鹅，重要的事说三遍，无论你是喝粥吃饭弄碗面，还是喝啤酒白酒红酒威士忌，一块咸鹅肉在手，万事都可抛脑后，会让你爱不绝口。或蒸或煮，红烧火锅，种种吃法，无不让人大快朵颐。土豆、白菜、萝卜、青蒜、豆腐、粉丝，作为配菜都立即"鸡犬升天"，这些风鹅伴侣，吸足了鹅肉的咸香和油头，好吃得让人停不下嘴。

即使单单吃风鹅，也是人间至味。把老鹅剁块，直接放入水中煮，甚至什么佐料都不要放，香味和味道便自然而然地四溢而出。风鹅极不易煮烂，坚固的鹅肉对牙齿是极大的考验，但对味蕾和胃是绝佳的馈赠。待风鹅煮熟，鹅皮如水晶，白薄之色接近透明，鹅肉暗中透红，红中发黑，出锅后便可从容不迫地品尝。鹅头大概是鸭头的两倍大，自然舌头也是鸭舌的两倍大，鸭舌有多好吃，鹅舌就有两倍好吃，一条鹅舌喜相逢，

吃到嘴里都是肉。溧阳人称翅膀为飞拐，鹅翅膀就是鹅飞拐，一盆鹅飞拐能吃到满手是油，根本停不下来。拨清波的红掌被剥去外层角质表皮后，白莹莹的掌蹼营养值值极高，更重要的是好吃还有嚼劲。据说五代时有个叫谦光的僧人，嗜鹅掌如命，恨不得天下鹅都生四掌。要是让谦光见到右军，估计真会大打出手。至于吃鹅腿、鹅胸肉，及其他部位的肉，此中滋味，就更直截了当了。轻轻撕开鹅皮，皮下只有一层薄薄的脂肪，露出了平素因为好勇斗狠而练出的一身腱子肉。肉质鲜美，纤维分明，只要有足够的耐心，可以把肉一丝丝地分离出来吃，同样齿颊留香，回味无穷。

旧时，溧阳人去邻居家串门，若看到主家吃咸鹅，一定会发出惊叹："喔唷喂，你们家里的伙食交关好，吃起嘎鹅来哩。"上大学后，我离开家乡日久，渐行渐远，想起溧阳的特色美食，便会口舌生津。我平时喜欢呼朋引伴聚会饮酒，苦无男女老少咸宜的下酒菜，便会想到风鹅，深刻体味到"千里送鹅毛"的情深义重。即使闻到蒸煮咸鹅散发出来的香气，酒量也会大增。

每次回去，家人定会准备盐水仔虾、风鹅四件等，让我一吃解干馋。也曾将风鹅打包特快寄来。快递小哥很好奇，向我打听我里面装的是什么好吃的？一路颠簸，风鹅体内渗出的油已经将纸箱底部浸泡出一层明亮湿滑的颜色，那种咸香味也按捺不住地跑了出来。在我煮咸鹅的时候，厨房里的香气更是让人沉醉。我仿佛听到隔壁邻居食指大动口水滴答。说句老实话，闻到风鹅的浓郁香味，天底下是没有几个人还能坐得住的。

猪，伟大的使命

在中国，猪难逃被吃掉的命运，中国人吃掉了全世界足足一半的猪。正是因为有了大量的样本实验，从猪头到猪尾，从猪肉到猪皮，中国人花样吃猪不放过任何一个部位，显示出了对猪最大的诚意。文／王琳 摄影／李佳鸾

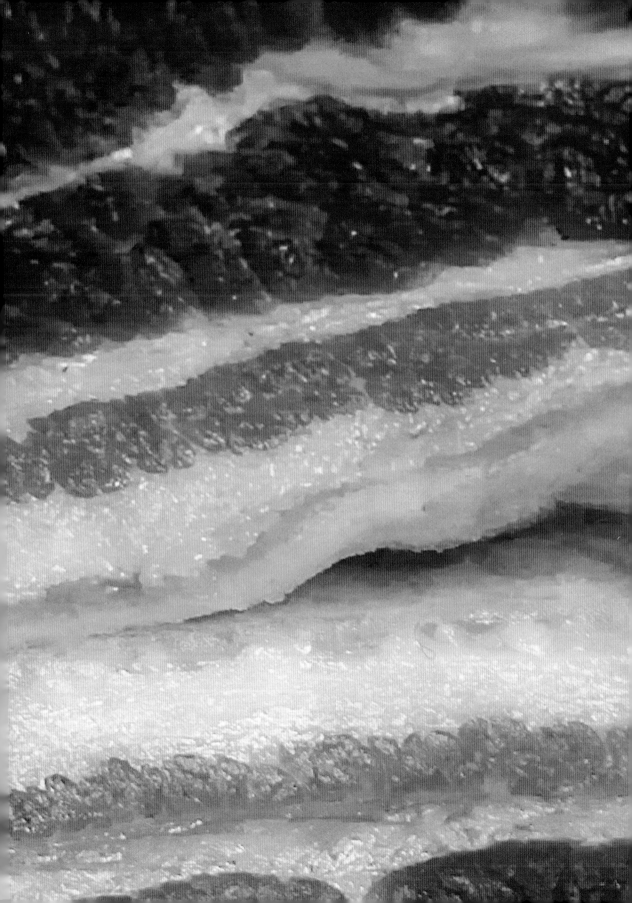

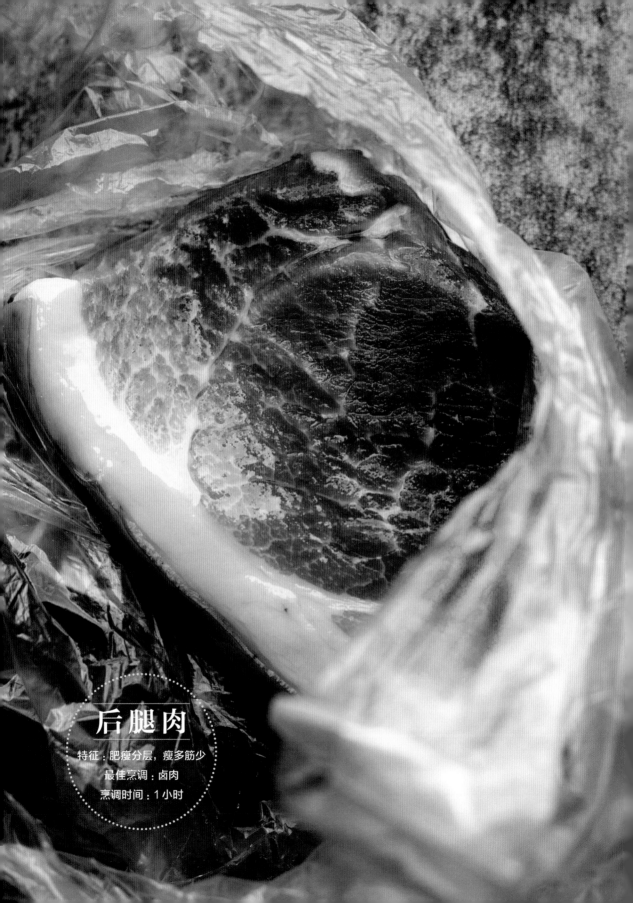

后腿肉

特征：肥瘦分层，瘦多筋少

最佳烹调：卤肉

烹调时间：1小时

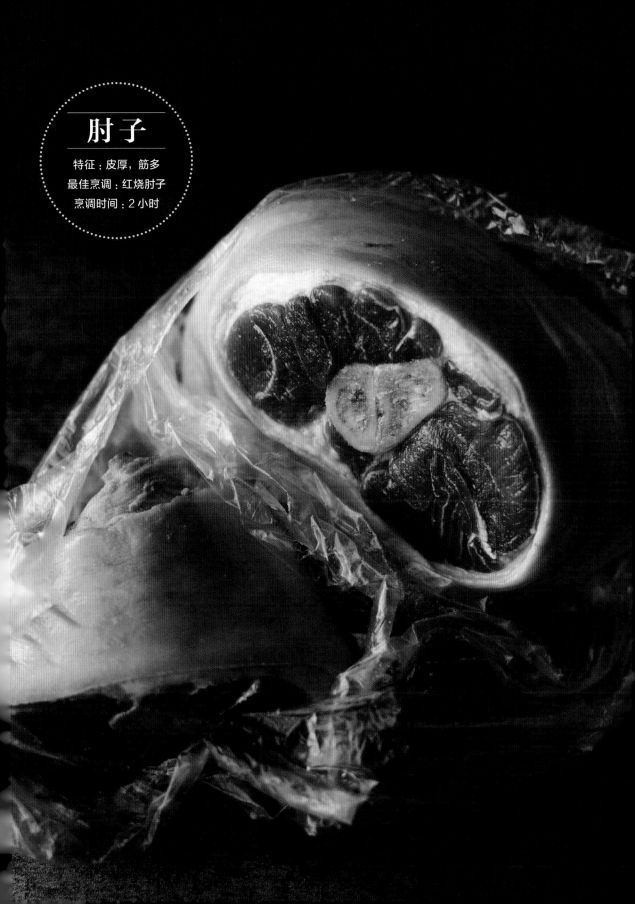

肘子

特征：皮厚，筋多
最佳烹调：红烧肘子
烹调时间：2 小时

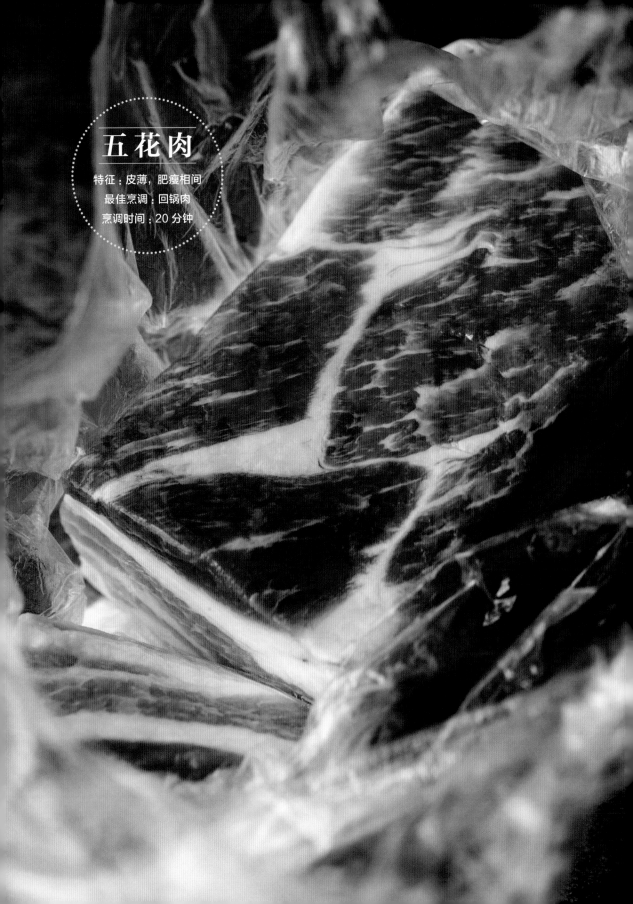

五花肉

特征：皮薄，肥瘦相间

最佳烹调：回锅肉

烹调时间：20 分钟

通脊

特征：无皮，纯瘦肉

最佳烹调：鱼香肉丝

烹调时间：5 分钟

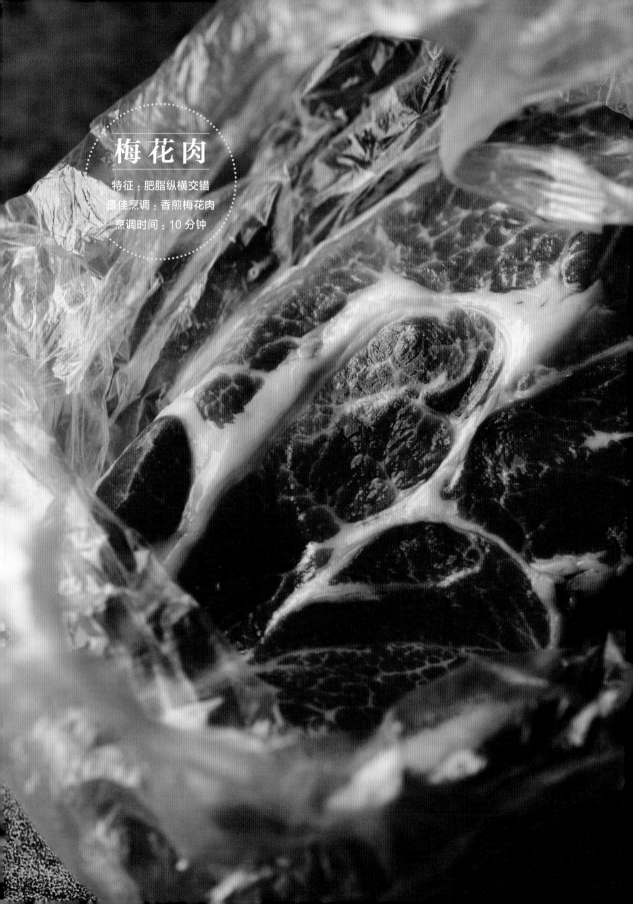

梅花肉

特征：肥脂纵横交错

最佳烹调：香煎梅花肉

烹调时间：10 分钟

带脂通脊

特征：肥瘦分层明显，无筋

最佳烹调：炸酥肉

烹调时间：8 分钟

猪肉铺老板娘的幸福生活

文 / 李西 摄影 / 李佳鸢

在大多数人的印象中，肉铺老板都是挥刀斩肉、身材壮硕的屠夫，但在三源里菜市场，猪肉铺里的女老板们端坐在自己的摊位内，守着安静躺在冰鲜柜里的肉，暧昧的冷红色灯光打在肉的纹理上，没有一点野蛮粗糙之气。

安姐 45 岁，甘肃人，是三源里菜场的一位猪肉铺老板娘。

她留着酒红色波波头，耳朵脖子和手指上无一不挂着金饰，因皮肤很白，这些颜色在她身上十分恰当，安姐看起来完全没有屠夫的样子。她笑说现在是杀猪的不卖肉，卖肉的不杀猪。

20 岁出头，安姐就已经做起了肉铺生意，天天和荤腥打交道。开始前两年安姐心里也是排斥的，毕竟这个工作十分"不少女"。

但在安姐老公老曾的眼里，安姐一直是个少女，奔波的事都是老曾在做。每次出去找供应商拿货都是老曾早上五点起，独自行动。安姐说自己没有方向感，蹬个自行车上路都战战兢兢，所以这么多年老公都没让她去学车，这也是为了让她多睡一个小时。

每天下午六点，安姐便开始计算这一天的营收。菜场七点关门前，两口子会顺手买点小菜，回家丈夫做饭。过年，是安姐一年中休息时间最长的日子。年三十早上出摊到九点，收摊后的夫妻俩会带着四五十斤肉一起回安姐的甘肃老家过年。

三源里有很多和安姐一样的肉铺老板娘，都是家庭经营。彼此间很熟悉，互有微信。出摊闲了，安姐也会隔着档口和其他家唠唠家常。大多数肉铺老板娘都坚持了七八年，中途退出的也是做久了想改行。安姐觉得进来离开对她没什么影响，就好像是同事，入职离职都很正常。她也不认为女性身份让这个职业有什么特殊化，"不都是为了

生存，和大家在商场卖衣服啊，街边卖煎饼啊，差不多的"。

很多时候我们总是更看重菜市场那沸腾野生的一面，认为这能激发人的想象。就好像我在初跟老板娘聊天时，以为她会顶着红色波波头，像李碧华笔下那独自撑起"潮州巷"卤鹅铺老板娘一般辛辣精明，然后倾吐一些奇情故事。虽然回答并未如此，但反而觉得这种现实的真实更有意思。若是靠书本影视媒介就可以窥探人类的生活，那真正到生活里去岂不是就少了很多趣味，毕竟平凡但又充满高光时刻的市井生活，才是大多数人人生的写照。

如何正确吃掉一头猪？

文 / 毛晨钰　摄影 / 李佳鸾　插画 / 柚子沫

中国人与猪存在着天然默契。猪是中国人最初驯养的动物之一，与狗、鸡和水牛并称我们最好的朋友。如果说狗的本领是看家，鸡的价值是下蛋，水牛的工作是耕田，那么……猪的使命就是——被吃掉。怎样对待猪猪，才算不辜负?

美味 TOP3

TOP1 里脊	TOP2 五花肉	TOP3 前腿

TOP1 里脊

特点：嫩	别称：扁担肉，里肌
稀有度 ★★★★★	美味度 ★★★★★

"猪身上最好的一块肉是哪里？"对于这个问题，卖了十几年猪肉的摊主们难得异口同声："最好的当然是早就卖光的里脊咯。"里脊分内外，带皮的为外里脊，又被称为宝肋肉，皮与肉的分水岭就在这里，肉适合用来做水煮肉片，至于皮嘛，唐鲁孙曾经就在地安门外的庆和堂吃过一道"桂花皮炸"（"炸"读作"渣"）。选脊背上三寸宽的一条，拔尽毛，炸到起泡，晒透后密封一年之久。食用前先要泡软，再浸泡在鸡汤或者高汤里，切丝下锅，武火一炒，浇上鸡蛋，撒上火腿末，松软浓香，还不腻口。

被好好保护在身体里面的顶级内里脊是猪身上最稀少，最嫩的部位，两扇加起来大约4—5斤，如何烹饪真是"淡妆浓抹总相宜"了。最受欢迎的要数糖醋里脊，轻炸过的里脊外酥里嫩，浇上酸甜汁，趁热享用，外皮如薄冰崩裂，里面则是软嫩清甜的口感。

TOP2 五花肉

特点：脂肪高	别称：三层肉，肋条肉
稀有度 ★★★	美味度 ★★★★★

好的五花肉漂亮得似裙边：一层肥一层瘦。五花肥厚，所以极为适合切成薄片或者小块，肥腻点到为止，过则不及。名声最响的就是被苏东坡捧红的"东坡肉"。谪居黄州的苏轼为了给"贵者不肯吃，贫者不解煮"一记响亮的巴掌，特意创造了这道餐桌名菜。"净洗铛，少着水……火候足时他自美。……每日起来打一碗，饱得自家君莫管。"长时间的炖煮逼出五花肉的油脂，使其肥而不腻，渗出的油星又浸润整块肉身，酥软异常，即便是八十老妪都能毫不费力地吃完一块。

当然，对于老北京人来说，更常见的是将五花切丁，做成炸酱面。肥瘦相间的五花口感弹润，只一小粒就舌尖生花。

TOP3 前腿

特点：半肥半瘦肉略老	别称：夹心肉，前尖
稀有度 ★★★	美味度 ★★★

同一条猪的前后腿，前腿的纯瘦肉量是5斤，而后腿的则可以达到10斤。发达的前腿有着十多块肌肉，所以筋膜较多，用来炒肉末还行，真要大块吃可能并不适口。不过，它最大的贡献就在于可以制馅。对于一过节就吃饺子的北方人民来说，强大的肉馅需求量足以把前腿送上畅销榜第三名的宝座。

如何正确吃掉一头猪？

1 猪头肉	2 猪颈肉	3 颈背肉	4 前肘	5 前蹄	6 下五花	7 后腿

8 后肘	9 后蹄	10 猪尾

1. 猪头肉
特点：皮厚肉老，有弹性
别称：元宝肉
稀有度 ★★★★★
美味度 ★★★★

夏天最快意的事情就是大喇喇拿天蓬元帅的脸面来做下酒菜。猪头肉是大概念，里头仔仔细细还能分出猪鼻子、猪耳朵、核桃肉等等，多用于凉拌或做卤菜。《金瓶梅》里，西门庆的老婆们要吃酒就少不了让宋惠莲准备猪头。一根干柴，自制油酱，不出一个时辰猪头就炖烂了。据说在民国时期的江苏北部，还有老师傅厉害到仅凭一把稻草就能把猪头肉煨烂。如此绝技现已难觅，还是稳妥地吃猪头肉，喝老白酒吧。

2. 猪颈肉
特点：肉质老，肥瘦不分
别称：槽头肉，血脖
稀有度 ★★★★
美味度 ★★

猪颈肉是前腿与猪下巴之间的一块肉，素来是不受待见的。因为是杀猪时开口放血之处，所以被称为"血脖"，同时又因为这块地方总挨着料槽，又被称为"槽头肉"。除了谈之色变的淋巴，猪颈肉还因为肥瘦掺杂、肉质绵软的特点而不被看好，大多剁碎了制馅，但在《边城》里，翠翠的爷爷却独爱拿夹项肉炖胡萝卜下酒，看来老人家牙口也是极好的。不过，就在这为人不屑的地方，有着猪身上最宝贵的"黄金六两"——松板肉。松板肉可以被归为猪颈，却堪称最华丽金贵的一块。油花均匀，肥瘦相间，形似雪花牛肉。炒或者烤都不减滑嫩，入口即化。不过除非是爱赶早市的老主顾，否则很难买到。

3. 颈背肉
特点：瘦肉居多，
　　　有雪花脂肪，嫩
别称：梅花肉，梅头肉，
　　　梅肉
稀有度 ★★★★★
美味度 ★★★★★

当你没钱买肋眼做牛排的时候，就去买一块便宜而美好的梅花肉吧！粤菜大厨若是得了一块梅花肉，那定然是做叉烧没商量的。一个人的清冷夜晚，也可以切成薄片涮锅。当然，响油里过一阵，噼里啪啦地热闹一番后，一块金黄的炸猪排也是很有趣的选择。

4. 前肘
特点：肉皮肥厚，
　　　筋脉有弹性，胶质足
别称：前蹄膀
稀有度 ★★★★
美味度 ★★★★

肘子位于腿以下蹄之上，由粗到细过渡的那一段。在南方的宴席上，一道红烧蹄膀经常是作为压轴菜登场的。对于缺少油荤的父辈人来说，蹄膀皮是最难得的宝贝，滋味鲜甜的一块皮，连着油脂滑进口中，肥腻非常。在北方，更多的是吃"酱肘子"，以前最出名的就是西单大街上那家叫"天福"的酱肘子铺。

一只猪的可能性远不止这些。它可以是神话里的天蓬元帅，也可以是人间一道菜，甚至只是拌面时的一星猪油。这些都是猪的贡献，却又不止于此。

猪的伟大在于：生活在底层，供养全人类。

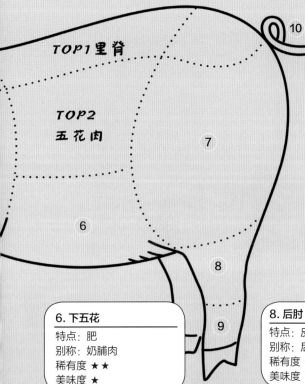

TOP1 里脊

TOP2
五花肉

5. 前蹄

特点：胶质足，瘦肉多
别称：猪手
稀有度 ★★★★
美味度 ★★★★★

猪蹄大概是猪身上最受女性欢迎的部分了。猪蹄的吃法不外乎红烧和炖汤，但殊不知，分清前后才能找到最恰当的料理之法：前蹄有蹄筋，后蹄则没有。相较而言，前蹄优于后蹄，故有"前蹄后髈"的说法。前蹄筋多肉瘦，倘若炖起来，其实并不讨好，最好的是红烧做成卤猪蹄或是酱猪蹄，嚼劲十足。

6. 下五花

特点：肥
别称：奶脯肉
稀有度 ★★
美味度 ★

仔细看猪肚子，沉甸甸的、几乎垂到地上的那块肉就是下五花。说是五花，大概只是蹭了个名头，其实肥膘吓人，肉质很差，比较经常用来做腊肉或者炼猪油。

8. 后肘

特点：皮厚，筋多，胶质足
别称：后蹄髈
稀有度 ★★★★
美味度 ★★★★★

后肘与前肘相比，瘦肉多肥肉少，更适合焖烧，肥而不腻。

10. 猪尾

特点：皮多
别称：皮打皮，节节香
稀有度 ★★★★★
美味度 ★★★★

用一个字形容猪尾，那就是"香"！以皮为主的猪尾作为卤菜，皮绷得紧，牙齿溜溜绕着骨头劈一圈，滋味尽数入喉，且越嚼越香，下酒最好。

7. 后腿

特点：皮薄质嫩
别称：后鞯
稀有度 ★★★
美味度 ★★★★

精肉很多的后腿很容易在料理时变柴变老，比较常用来做回锅肉。切片后滚水下锅，才能最大程度留住肉的水分，保证较好口感。

9. 后蹄

特点：骨多，皮薄，胶质足
别称：猪脚
稀有度 ★★★★
美味度 ★★★★

要炖汤还是选后蹄吧，这也就是人们常说的"猪脚"。肥嘟嘟的猪脚似乎总是寄托着美好憧憬。无论是台湾的猪脚面线、广东的猪脚姜，还是无锡的黄豆炖猪脚，常常用来祝寿、去霉运，以及给产妇滋补。软烂饱满的口感好像能给人天然的愉悦。

颤抖吧！红烧肉

文 / 沈嘉禄　插画 / 突突　图 / 视觉中国

黄鱼鲞配猪肉，超越偏见，冲破门户，可以说是红烧肉界的罗密欧与朱丽叶了。

　　一块烧得恰到好处的红烧肉上桌后，你拍一下桌子，它是会颤抖的。诚如袁枚在《随园食单》里对这货的期待："以烂到不见锋棱，上口而精肉俱化为妙"，在化与不化的瞬间，只能颤抖。接下来，入口即化，无筋无渣，油脂在舌尖引爆，一股猪肉的本香袅袅升起之类的夸张字句，可以随意添加在你的微信里，肯定能收获点赞一片。

　　后来，有些饭店在红烧肉里加百叶结，加蛋，自觉转改。这也是对勤俭持家好家风的传承，以前上海石库门里外婆烧的红烧肉就是会根据季节变化加芋艿，加栗子，加慈姑，等等，红烧肉有了香蔬的帮衬，就可以多吃几顿了。红烧肉加墨鱼，可以称之为"墨鱼大烤"，本是宁帮大菜，是红烧肉的 5.0 版。在我小时候，妈妈也经常做墨鱼大烤，整只墨鱼，新鲜，厚实，散发着大海的味道，每只有巴掌那么长，不切块，不切丝，七只八只，

连头带须，统统埋进砂锅里，与已经煮到半熟的猪肉一起慢慢煨。墨鱼吸收了肉汁，无比丰腴，墨鱼的纤维很清晰，可以撕成一条条来吃，有嚼劲，也很好玩。现在有些饭店也恢复了这道家常菜，但是墨鱼金贵了，厨师一般将其切成小块，吃客下箸时未免会产生沙里淘金的沮丧感。再不济的，就用墨鱼仔来虚应故事啦。实事求是地说，那隐隐约约的大海气息，也足以慰人。

　　更土豪的店家，红烧肉加鲍鱼！每人一只小砂锅，一块红烧肉、一只鲍鱼、一头刺参、一朵羊肚菌，下面衬一层晶莹剔透的米饭。上桌后，服务员再给你刨几片据称来自意大利的黑松露，橡树林的奇香如交响乐缓缓升起。此时此刻，发抖的不再是红烧肉，而是买单的东道主了。

　　有一次，我在饭店里吃到了黄鱼鲞烧肉！我的天啊，我当场叫起来，天地做证，即使看到旧

日情人我也不曾这样激动过啊。

那天我们吃到的黄鱼鲞烧肉，论色相，也是浓油赤酱一路，有些失控，谈不上十全十美，但那种古早味一下子唤醒了童年记忆。

接下来，本大叔要摆摆老资格了。

话说 20 世纪 70 年代末和 80 年代初，对中国人而言是一段特别温馨的时光，在汹涌澎湃的大时代洪流中，不时会溅起属于个人的感情浪花，有点甜蜜，有点紧张，有点惆怅，有点伤感，还免不了有点粗糙。特别是当春节来临之际，大街小巷群情兴奋，摩肩接踵，"十月里，响春雷"的豪迈歌曲和大甩卖的吆喝混杂在一起，每个人的脸上书写着解脱与企盼。

如果家里有知青自远方归来，有亲戚自故乡进城探访，年菜就可能体现乡土气和多元化的特色。比如我家祖籍绍兴，在鸡鸭鱼肉之外，还有几样美味是必不可少的：一大砂锅水笋烧肉，一大砂锅霉干菜烧肉，一大砂锅黄鱼鲞烧肉。这三大砂锅年菜在小年夜烧好，置于窗台风口，让砂锅表面凝结起一层白花花的油脂，色泽悦目，腴香温和。有大砂锅垫底，节日期间有不速之客踩

准饭点光临寒舍，妈妈也不至于在锅台边急得团团转了。

水笋烧肉和霉干菜烧肉，久居上海的市民都吃过，不属于本帮菜，却比本帮菜更有渗透性。唯黄鱼鲞烧肉不一定人人都有此口福，即使吃过一次也不一定有格外的关切。绍兴靠近浙东沿海，以前大黄鱼是寻常食材，一时吃不完，就要用古法腌制妥善保存。腌后并经曝晒成干的大黄鱼就是黄鱼鲞，堪称咸鱼中的极品。少盐而味淡者，加工更须仔细，晒干后表面会泛起一层薄霜样的盐花，被称作"白鲞"，是黄鱼鲞中的劳斯莱斯。

黄鱼鲞烧肉，是绍兴人从小吃惯了的"下饭"。鱼与肉是中国美食中两大阵营的统帅，素来井水不犯河水，但绍兴人有大智慧，将两大阵营一锅焖。想来它们先是泾渭分明，骄矜自恃，但在柴火的作用下，从分歧到达成共识，从对抗走向联合。故而黄鱼鲞烧肉，吃口奇诡，鲜美无比，犹如罗密欧与朱丽叶的旷世奇恋，超越偏见，冲破门户，你中有我，我中有你，最终融于一体。

黄鱼鲞烧肉，对黄鱼鲞的要求比较高，否则易腥，也有损于肉味。袁枚在《随园食单》中也写到了黄鱼鲞："台鲞好丑不一。出台州松门者为佳，肉软而鲜肥。生时拆之，便可当作小菜，不必煮食也，用鲜肉同煨，须肉烂时放鲞，否则鲞消化不见矣，冻之即为鲞冻。绍兴人法也。"

台鲞在中国地方菜谱中是老资格。鲞冻肉是黄鱼鲞烧肉的冷冻处理状态。而在袁枚那会，黄鱼鲞是可以生食的。

周作人寄居京华时写文章怀念故乡风物："我

所觉得喜欢的还是那几样家常菜，这又多是从小时候吃惯了的东西，腌菜笋干汤，白鲞虾米汤，干菜肉，鲞冻肉，都是好的。"

"绍兴人法也"的"鲞冻"，也是我家的招牌。妈妈从砂锅中小心起出一大块，改刀成小块装碟，膏体鲜红如琥珀，配上一壶热黄酒，乡情十分感人。现在野生黄鱼几乎绝迹，人工养殖的黄鱼肉质松软，鲜味淡薄，做成鲞后味道大逊于前，这款乡味就很难吃到了。

不过，人的适应性还是很强的。尤其是我们中国人，能为自己找到退而求其次的种种理由。近年来我也经常在淘宝上购买黄鱼鲞，挑价格最贵的下单，心想你敢于开出这个价，应该不会差到哪里去吧。买来烧过几回，上好的五花肉切成一寸半见方的大块，焯水后漂净，肉皮朝下油煎定型，加黄酒、老抽、生抽、冰糖等调味，慢火煮至八成熟，再下事先泡软去鳞后切成大块的黄

鱼鲞，由中火转大火收汁，水陆两种食材在同一时间抵达光辉的终点。执箸先尝，猪肉中渗进了黄鱼鲞的野性鲜味，黄鱼鲞被猪肉的油肥所滋润，我觉得与数十年前妈妈烧的味道最大限度地接近了，它极大地安慰了我的味蕾与胃袋，并让我产生一种错觉：整个魔都最好的黄鱼鲞烧肉就出自沈府。

后来我还在朋友的会所里烧过一次，猪肉、黄鱼鲞，以及葱姜、五年陈的古越龙山，都是我带去的。小试牛刀，大获全胜，等我端上桌后一个转身去烧第二道拿手菜酱爆茄子时，已经光盘了。记得我选的黑毛猪五花肉的肥膘足足有两寸厚，猪皮的厚度也接近美国总统防弹轿车的外壳了。可见上海人对红烧肉的热爱程度令人叹为观止，而且是可以兼及黄鱼鲞的。

最后容本大叔再啰唆一句，在万恶的旧社会，红烧肉是不上台面的。不管你是本帮还是苏帮、徽帮，只有拆炖、酱汁肉、樱桃肉、松子酱方或者走油蹄髈等，家常一路的红烧肉，拿到饭店里去赚吃客的银子，多半会引起老上海的哀叹——"瓜不瓜，瓜哉瓜哉"。在《中国食经》之类的典籍中根本没有红烧肉的影子，前不久中烹协发布了340道"中国菜"，在上海十大名菜中也没有红烧肉的份。当然，好吃是硬道理。红烧肉漂在江湖，混到浓油赤酱的段位，最后登堂入室，粉丝多多，且与日俱增，单凭它的励志故事，我们就要加倍努力地热爱。

上海人的腔调，
都在这块炸猪排里

文 / 李舒 甘小棠 插画 / 蔓蔓 图 / 视觉中国

时代浪潮席卷大街小巷，却始终难以染指上海人家的厨房。每到傍晚时分，弄堂里依旧会响起勤勤恳恳敲猪排的笃笃声、煮罗宋汤的咕噜声，以及筷子搅打蛋黄的嗒嗒声，几十年如一日，直到地老天荒。

我的第一顿西餐，是叔叔带着去的。

彼时，叔叔正在谈恋爱，但似乎总不长久，过三两周都有一个美美的新阿姨登场，奶奶一提起这件事，就唉声叹气。然而，我却很高兴。因为，每换一个新阿姨，我就又可以去德大"搓"一顿了。

叔叔很喜欢在约会的时候带着我，阿姨也很喜欢，仿佛这样，他们的约会就变得纯洁而纯粹。叔叔会在出发之前跟我签好保密协议，绝不在回去之后告诉爸妈约会的具体情况——其实他是白操心，因为只要一围起雪白的餐巾，我就什么都不关心了，脑子里只有一个关键词——炸猪排！

拍得蓬松柔软的炸猪排，端上桌的时候好像还在呲啦作响，一刀切下去，肉汁几乎是迫不及待地要从面包糠的咔吱咔吱中迸出来，这时候，只要一点辣酱油，啊！谁还管身旁的那对男女在说什么！

那时的周末，实在太美好，咖啡上来时，我好像已经昏昏欲睡，坐在椅子上兀自着瞌睡，心里想着，回头见了小伙伴，一定要炫耀一下，我去吃大菜了。

很久很久之后，我才会知道，其实，我吃到的是假西餐。

长三堂子里的"西风东渐"

上海人的西餐教育，是从长三堂子开始的。上海开埠之后，洋场日渐繁盛，第一批西餐馆是为了洋人的口味而登场的，据清人黄式权描述，当时的西餐"俱就火上烤熟，牛羊鸡鸭之类，非酸辣即腥膻"，是正统的西洋口味。

虽然带着"洋气""时髦"的标签,但并不太符合大家的口味。于是,长三堂子里,红倌人们便用一种"西风东渐"的方式来迎合客人的口味。《海上花列传》里,身为幺二的姐姐为了招待已经成为长三的妹妹,特意叫了四色点心。有趣的是,点心是"中西合璧"的,一客烧卖,一客蛋糕,算是中国特色。

随着这种口味变化的,是一品香的应运而生。一品香开在书寓林立的四马路上,无数名人喜欢在一品香请客,宋教仁遇刺前吃的最后一餐,爱因斯坦访问上海的唯一一顿,都选在了一品香。《海上繁华梦·初集》第三回,描述了大家到一品香去吃饭的点菜细节:

幼安点的是鲍鱼鸡丝汤、炸板鱼、冬菇鸭、法猪排,少牧点的是虾仁汤、禾花雀、火腿蛋、芥辣鸡饭,子靖点的是元蛤汤、腌鳜鱼、铁排鸡、香蕉夹饼,载三自己点的是洋葱汁牛肉汤、腓利牛排、红煨山鸡、虾仁粉饺,另外更点了一道点心,是西米布丁。

由这份菜单可知,一品香里的菜式并不是纯粹的西餐,而带着一种浓浓的"中西合璧"风,这便是海派西餐的发端。

"海派"这个词,褒贬参半,贬者释之以"不正宗",褒者对之以"兼容并蓄",不过,上海人确实从一品香的成功当中发现了商机。1937年前,上海的西菜馆达到了200多家,尤以霞飞路和福州路最为集中。根据上海地方志资料记载,1949年以前,有名的西餐厅有红房子(当时叫罗威饭店)、德大西菜馆、凯司令西菜社、蕾茜饭店、复兴西菜社和天鹅阁西菜馆等。

1949年后,这些西餐馆纷纷关停,红房子改名叫作红旗饭店,卖的是鸡毛菜和排骨汤,不过,菜单里留下了一客神秘的"油拌土豆",熟客们会对此心照不宣,这仿佛像一个潜伏者——它的本名是土豆沙拉。

哪怕在食物供应那么匮乏和单调的特殊年代,上海人也从来没有停止过对西餐的追求。炸猪排的面包粉买不到,没关系,用苏打饼干自己擀碎;沙拉酱没有现成的,用零拷的沙拉油加了蛋黄自己打出来,饭后的咖啡不想省略,那就用只有淡淡甜焦味,没有一点咖啡香的速溶咖啡块。

于是,便有了这些你永远不可能在国外找到的西餐。

维也纳传来的上海风炸猪排

上海炸猪排的前身,是一道久负盛名的西式菜肴 —— 维也纳酥炸小牛排(Wiener Schnitzel)。炸牛排的做法颇为繁复:将嫩嫩的小牛肉切片,用肉锤仔细锤薄,调味后裹上面粉、蛋液和面包屑,黄油烧得滚烫,牛排滑入锅里,"哗啦"一声便炸得酥脆金黄,掐准火候夹出锅来,还能保住牛肉软嫩多汁的质地。当地人也会拿猪排或者鸡排来炸,但唯有炸牛排有资格被冠以"Wiener Schnitzel"的名号。

维也纳小牛排是何时传入上海的,如今已不可考,但它由牛排到猪排的华丽变身,据说是在老派西餐馆"红房子"中完成的。

在物资匮乏的年代，猪肉比牛肉便宜得多，味道也没那么腥膻，更适合上海人的口味。没有松肉锤，厨师就用刀背细细将猪排拍松，正好也让分量看起来足些，一块寻常的猪肉，拍扁压平后，面积能比盘子还大。炸猪排的黄油自然是换成了便宜的植物油，配菜也一概省去，只用几滴辣酱油就够鲜美了。最困难的那几年，连面包糠也难得，上海人就把苏打饼干碾碎了裹在猪排上，照样能炸得酥香——反正，为了吃，永远都有办法可想。

辣酱油不是酱油

上海人吃炸猪排，一定要加辣酱油。

辣酱油其实不是酱油，它有个洋气的本名，叫伍特斯酱汁。可是如今的英国辣酱油，早就跟黄牌辣酱油不是一个味道。它吃起来酸酸辣辣，出了上海就再难找到。

1933 年，梅林罐头公司根据英国辣酱油的味道，自己调出了配方，成了国内最早生产辣酱油的厂商。1960 年，梅林把辣酱油的生产移交给泰康食品厂，这就是在上海家喻户晓的泰康黄牌辣酱油的由来。

市面上一度传言黄牌辣酱油要停产了，这引起了上海地区不小的骚动，离不开辣酱油的何止猪排啊，还有生煎馒头、排骨年糕、干炸带鱼——以及上海人的海派追求：有辣酱油，就有胃口。

还好停产只是虚惊一场。

| 炸猪排的最佳搭档 |

在海派西餐里，炸猪排的经典搭配，永远是一碗罗宋汤。这两道菜的祖先，一个来自奥地利，一个来自俄国，而它们居然能在上海人的安排下联姻，也是一桩妙事。

民国时期的上海，居住着许多俄国人，也少不了各式俄国小餐馆。上海的第一家西餐馆"罗宋面包房"就是俄国人开的，"罗宋"即俄罗斯"Russia"的音译。当时，这些小餐馆供应的并不是"罗宋汤"，而是红菜汤。

俄国人用红菜汤配黑面包、猪油、伏特加，上海人用罗宋汤配炸猪排和土豆沙拉。红菜汤以红菜头和酸奶油为根本，味道酸而且重，上海人大多吃不消。更何况，红菜头在上海鲜有种植，酸奶油也是稀罕物事，于是，上海人因地制宜，以番茄代替红菜头，再用白砂糖模拟其甜味，加入卷心菜、洋葱、土豆之类，照样熬出浓稠赤红的一锅，虽然还带着俄式红菜汤的影子，但喝起来彻底是酸甜的本帮口味，这就成了我们所见的"罗宋汤"了。

红菜汤的另一个标志，是大块炖得酥烂的牛肉，十足是战斗民族的粗犷风格。到了上海，牛肉自然也无法多放，只好用俄式红肠代替。精明的上海主妇，还会把红肠切成小条再煮，看起来分量多些。土豆便宜，可以多放几块，比较顶饱。梅林罐装番茄酱则是罗宋汤的灵魂，不可吝啬，往往要倒一两听下去，煸炒出红油，那酸甜的浓度才符合要求。有些街边小店会用番茄沙司来代替番茄酱，烧出来清汤寡水的一锅，老上海人是看不上的。

毕竟，再怎么节俭过日子，总有些不可退让的原则，如同萧索生活里一点恒久闪亮的光芒。

甜烧白，一口吃成个胖子

文 / 项斯微 摄影 / 陈超 鸣谢餐厅 / 汉舍川菜馆（国贸商城店）

甜烧白也挺委屈的，没有归属感，就像不知道自己是汉人还是契丹人的乔峰，在命运的车轮下被碾来碾去。

甜烧白活到今天这个岁数，想必是有点憋屈的。在现在这个崇尚健康饮食、肥肉即是犯罪的时代，它几乎没有了容身之处，就连对脂肪十分友好的生酮饮食也不待见它——毕竟，甜烧白集脂肪、糖以及淀粉于一身，既像是大荤又像是甜品，摆明了吃一口胖一斤。

关于甜烧白的传说有很多，但我想，它的出身一定不怎么好，多半是在那艰苦的年代，人人骨瘦如柴，许久不见荤腥，发明它的人才会如此丧心病狂，竟然能想出把豆沙夹进肥肉里蒸来吃。有人传说它源自古代蜀国。比较统一的认识是甜烧白属于四川九大碗——九大碗是流行于四川乡镇的宴席，历史上称作"田席"，最早，是出现于田间的露天宴席，"三蒸九扣"，代表着川菜最初还不怎么辣的样子。

九大碗包括镶碗、红烧肉、姜汁鸡、烩酥肉、粉蒸肉、咸烧白、甜烧白等等。咸烧白和甜烧白显然是其中的一对情侣，都是以蒸制的五花肉为核心，最后倒扣在盘子上，只不过一咸一甜，咸烧白的精华是其中的芽菜，而甜烧白，我私以为是下面那浸润了肥猪油和豆沙的糯米。

很多四川人，都拥有一个被甜烧白惊吓过的童年。在四川人小时候，多半是跟着父母去乡下吃宴席，才第一次在饭桌上见到这盘诡异的冒着热气的红棕色大肥肉。第一印象多半是恶心，就和很多初次听到甜烧白这种食物的外地人一样，两片肥肉夹着豆沙，不知到底是甜味的还是咸味的，到底是荤菜还是甜食，怎么可能吃得进去？这食物分明挑战了孩童的认知系统，如平地惊雷，搅乱了一颗幼小的心。

这样想来，甜烧白也挺委屈的，没有归属感，就像不知道自己是汉人还是契丹人的乔峰，在命运的车轮下被碾来碾去。

但事情总有峰回路转的时刻，尤其是在吃这一方面。

虽带着惊恐，但孩童如我，其实已经被甜烧白激起了深深的好奇，虽然碗里扒拉着蛋皮，戳着粉蒸肉，但眼睛时不时会瞟一下那肥到令人昏厥的甜烧白。而甜烧白就在那里，不悲不喜，不来不去，不增不减，寂静，欢喜，等着被爱——噢，等久了还是不行，等久了还是会减少的，会被其他凶猛的大人夹走。

于是，孩童被大人撺掇着先吃了一点点下面的糯米，发现味道还可以："甜甜的粑粑的有点像酒米饭（八宝饭）嘛。"紧接着，我们四川的爸爸

> 甜烧白还有个更直白的名字，叫作"夹沙肉"。按照老的川菜菜谱，当使用"保肋肉"，即猪的中间带皮五花肉包着肋骨的部分。

妈妈就如同强迫孩子吃下第一口辣椒一样，不容拒绝地夹起一块甜烧白送到孩子的嘴里，"就尝一哈！"他们希望自己的下一代不要错过任何一样美食的决心是感天动地的，"老子喜欢吃的，娃儿怎么可能不喜欢！"于是乎，小娃儿撇着嘴皱着眉咬了一口，哇，居然还可以，肥肉吃起来一点都不恶心，让人懂得了"入口即化"是什么意思，用猪油炒过的豆沙香喷喷的，和肥肉还有糯米一起糊

住了嘴巴。这个时候大人往往会带着欣喜的眼神，再传授给你一个成语——"肥而不腻！肥而不腻！"这似乎是对肥肉最好的嘉奖，而一顿饭，也就此到了尾声，画上了一个油滋滋甜蜜蜜的尾声，和田间的油菜花、乡下的小狗，一起被收进了童年的回忆中去。

下次再遇见甜烧白，可能就要等到过年的时候，或者再去乡下玩耍的时候了。

甜烧白还有个更直白的名字，叫作"夹沙肉"。按照老的川菜菜谱，当使用"保肋肉"，即猪的中间带皮五花肉包着肋骨的部分。菜谱表示，不怕胖的也可以使用带皮的净肥肉。豆沙一定要自己炒。肉煮熟之后皮需要抹上酱油煎一下，再"将肉切成一寸五长、八分宽、二分厚的片子，切时第一刀不切断，第二刀切断，如此切成夹层片子"。夹入豆沙，四片一组，摆成卍字，再装上酒米饭，一起蒸，最后倒扣在盘中。摆成卍字这个步骤还需要一点数学头脑。因此过年过节时，一般也都是家中的老外婆才有闲心与智慧制作甜烧白这种菜色。

甜烧白的制作过程中，绝对不能忽视的是猪油和白糖。炒豆沙，做酒米饭都非猪油不可。白糖，不仅出现在豆沙和酒米饭中，最后甜烧白上桌前，也要在其面上撒上厚厚的一层白糖收尾。猪油和白糖，令多少追求健康的人士尽折腰。

现在，愿意在家中制作甜烧白的四川人已经不多了。随意打开那种做菜的 App（应用程序），愿意交甜烧白作业的已是少数。即便是走进成都的餐厅里，能点到甜烧白的餐厅也不算多。毕竟甜

烧白再好吃，一人一片也差不多了，得人多才敢点，所以注定了它只能出现在宴席或者年夜饭中，或者是在农家乐昏天黑地地打了一天麻将之后的晚餐中。

想起上一次吃甜烧白，是在一个四川朋友家中，她贵为健身人士，有马甲线也有蜜桃臀，却也有一口老式双层蒸锅，一层蒸咸烧白，一层蒸甜烧白，大火一开，两碗一起蒸好上桌，非常完美。菜过五味，我问她为什么还有如此古老的蒸锅，做着如此传统的菜色，她说是蒸锅和菜谱都是从她姥姥那里继承来的："以前每年过年，婆婆（我们四川人的姥姥）都要做咸烧白和甜烧白，特别麻烦，我就负责把豆沙夹到肉里，很有仪式感的。"

"那现在呢？"

我问完之后气氛突然有点伤感，她问我："你听过蓝蓝那首写姥姥的诗歌吗？姥姥，在你逝去的三十二年之后，你在我身体里走路咳嗽歇息，你是我唯一的同龄人，你是我的小树，我的夜空和梦。"

我说，你别念了，有点肉麻，这首诗我听过，你难道是想说你姥姥在你的身体里走路做饭歇息，是你的咸烧白甜烧白，你的猪油和白糖吗？

她白我一眼，想反驳点什么，终究是没有说话，默默又夹了一大块夹沙肉给我，企图让我再胖上个一斤半斤。

一份完整的甜烧白，收尾很重要，从里甜到外才是甜烧白的正义。

红糖汁
浓稠的红糖汁是进阶版蘸碟。

白糖
一碟冒尖儿的白糖是吃甜烧白的安全感。

爱吃甜肉的人不会老

文 / 刘树蕙　摄影 / 陈超　插画 / 柚子沫　鸣谢餐厅 / 莎莎 Salsa

甜甜的肉是生命之光，吃下就能返老还童。

家有爷爷，尤爱吃甜。

你很难想象一个一辈子当人民教师，年轻的时候让学生罚站两小时，时常将年轻的我爸打得皮开肉绽的老爷子，居然是甜食爱好者。

他一度将甜点藏在被窝里，睡前一边吃一边看书，甜品的碎渣留在床头，引来蚂蚁乐得快活。这个习惯直接导致奶奶到了80岁还惊天动地和他吵过一次架，摔烂家里百分之五十的物品，从此俩人开始了同屋不同床的分居生活。

奶奶气急败坏地找我哭诉："他竟然偷吃我做给你第二天吃的糖醋里脊，吃完了！"

她拿来那本《资治通鉴》摊开在我面前，想让我看见粘在上面的糖醋汁。我仔细瞧了瞧，又闻了闻，转头看着老爷子。

人家完全没有做贼心虚的模样，勤勤恳恳坐在窗下给老友写信，然后哼哧哼哧骑着自行车去城里寄信。我都能想见他上坡过桥时，从不下车推着自行车走的不服输姿态，比年轻人还有劲儿！

这时候他心里大概是想着：不吃下那碗糖醋肉，我怎么有劲儿爬上这个坡儿！

糖醋里脊作为全国通用菜品，在每个省市都有它的一席之地。尤其是小孩子对它的酸甜口毫无抵抗力，从小学吃到大学，可谓是从小吃到老，吃完不怕老。做糖醋里脊的时候，要将里脊肉用鸡蛋液、淀粉、面粉裹上，放入五成热的油锅，炸至焦脆，再放入料酒、糖、醋、葱姜蒜、淀粉勾成的芡汁翻炒。外焦里嫩的口感，不管多老都能咬得动。

广东的"咕咾肉"拥有极其可爱的名字，听着就让人咕噜咕噜流口水，吃的人自然不会变得"古老"。做的时候选用猪梅肉，放入生抽、黄酒、白胡椒、盐和鸡蛋液中腌制十分钟。然后将肉的表面揉搓上面粉备用，放入八成热的油中炸至微黄。接着调制一杯用白醋、生抽、番茄酱、白砂糖、淀粉和水组成的酸甜汁，之后将炸好的肉、菠萝、彩椒，还有酸甜汁一起翻炒，就大功告成了，黄黄的菠萝、红红的辣椒、橙橙的肉粒，光是外貌就能勾起所有小孩的食欲。

锅包肉是东北菜之光，它大致分为黑龙江、辽宁、内蒙古三个流派，最广为流传的则是金灿灿的黑龙江锅包肉。它和其他酸甜肉最大的不同是，在裹上淀粉的肉片中加入了葱姜丝和香菜梗，然后逐片下入烧至七成热的热油里，炸三分钟，等到油温八成时，再次下肉片复炸，接着加糖、醋、酱油、香油调匀翻炒。外酥里嫩的锅包肉，总是隔着十里路就能辨认出它的味道，那股酸到冲头脑的醋味儿，可以瞬间打开想念它的阀门，让你的口水流到老。

磨刀霍霍向猪头

文 / 姜妍　插画 / 古谷

　　杀猪菜，曾经是东北一年的期盼，没吃过刚杀的猪，你就不知道猪肉还会那么好吃。

年年寒风一吹，我就想起儿时的杀猪菜。

那时东北的春节，从杀猪开始。但杀猪这件事，绝不只存在于吃肉当天，关于杀猪的明争暗斗，早在第一片雪花落地时就开始了。

农闲开始，整个村里大大小小男女老少，心里只惦记一件事：今天猪肥了吗?

把猪喂肥，是杀猪准备的第一件事，春夏秋三季，猪平时吃的不过是地瓜秧子、鸡爪子、车轱辘之类的野草野菜，到了冬天，为了让猪膘长得肥，就开始给猪猛喂土豆、地瓜、麦麸子，这样猪就不会上蹿下跳，安安静静、专心致志地在圈里长肉长膘。

猪膘按指计算，一个指头一指膘，一个巴掌是五指膘，到杀猪那天，谁家的猪肉膘肥，都在暗中较着劲，要是上了三指、四指，甚至五指，就跟自家儿子考了镇里第一一样，至少能炫耀到明年开春。

越临近年根，杀猪的气氛越浓，大人们打招呼的方式也从"吃了吗"，变成了"准备啥时候杀猪啊?"

正常来说，杀猪的日子会定在扫房之后，腊月二十五，或腊月二十六。杀猪前一天，总是又兴奋又难过的，兴奋的是明天就能吃到盼了一年的猪肉，难过的是就要跟养了一年的猪告别。为了收拾下水方便，杀猪前一天不能喂食，猪饿得大声哼唧，但它不知道，明天等待它的，是比饥饿更可怕的事情。

杀猪是全村人的事情，杀猪当天，村里房前院后，都自觉地来帮忙，男人帮着屠户抓猪绑猪杀猪，女人们就忙活着烧水切菜炖肉。

杀猪要给猪一个痛快，尺把长的屠刀迅速从猪的咽喉捅入，随即刀锋一转，等到猪不再挣扎，便拔出屠刀，流出的猪血绝对不能浪费，流到盆里交给女人们去做灌肠。

不仅杀猪现场热闹，后厨的女人们也不闲着，左边忙着把刚接来的猪血灌肠，右边头也不抬地猛切酸菜，即使切好的酸菜已经堆得半人高也不能停下，因为等待她们的，是全村的男女老少亲朋好友。

杀猪是门技术活，不仅刀法有讲究，煺毛也一样，煺毛的水温要刚刚好，冷了毛煺不掉，烫了肉就发紧，等到毛都刮干净，就要把这只粉嫩光滑的大猪吊起来——啊，终于要开始分肉了。

猪脖颈肉最肥，切下来熬猪油，熬到最后剩下的"油滋了"，撒上盐给心急的小孩们当零食；几大盆猪血排队等着灌血肠，灌好后就扔进大锅里和酸菜粉条一起炖；等到猪肉都拆分得差不多了，讲究的人家就开始炒菜，熘猪肝熘肥肠，有时还有心肺作陪。几大盆菜摆满了桌子，大口的肥肉就着大碗的东北小烧酒，寒冬腊月数九天也像开了春一样温暖。

虽然按理说，猪身上所有的地方都能做杀猪菜，猪骨、内脏、肥膘……但养了一年的猪还是舍不得一天吃光，当家的女人总是会把部分猪肉，随手埋在家门口的雪地里，这样，一直到过年的猪肉全家就都不用愁了。

杀猪菜，曾经是东北一年的期盼，没吃过刚杀的猪，你就不知道猪肉还会那么好吃。

冬天，是肉皮冻的季节

文／王琳　摄影／李佳鸾

一到过年，就是猪的主场，甚至连猪蹄子、猪皮都被安排得明明白白，肉皮冻，就是它们最终的归宿。

肉皮冻是北方过年的信号，计量单位一定要按盆，皮冻一做，年就到了。

肉皮冻的主阵地一般在北方，尤其以北京、山东、东北地区最为繁荣。"官方说法"将肉皮冻归为满族人的发明，故事也符合食物传说的常用套路，有一个大人物作为主角。

这次的主角是努尔哈赤，时间线在满人进入北京之前，因为天冷，随军带的大块猪肉皆被冻住无法切割。眼看着努尔哈赤发火，负责兵马司的莽古尔泰只好带领伙夫把一大块带皮猪肉放在锅内整块煮熟，本意想让士兵们喝汤，结果因为天冷，煮熟的汤成了肉冻，他也将错就错，把新菜式呈给努尔哈赤，自此，肉皮冻算是诞生了。

食物传说不可考，但是"靠天吃饭"的肉皮冻来自北方一定是没错的。毕竟在发明冰箱之前，可不是所有地方的天气都能做出一盆好皮冻。

肉皮冻分"清冻"和"混冻"两种，东北的原始版肉皮冻属于清冻，不加豆子、肉皮，材料用猪蹄或者猪皮，用清水熬制。熬制过程分为两次，第一次需要3—4个小时，熬到汤黏稠就把肉汤倒出来，冷藏凝固后把上层的白油刮掉，再加入适量的水，下锅进行第二次熬煮。熬制1个小时后将锅中的猪蹄猪皮滤掉，只留下清汤。等再次成形，就是东北清冻了。清冻一般要搭配蒜末、酱油制成的蘸汁食用才算完整。

北京跟山东的肉皮冻，都是混冻。肉皮冻在北京名曰豆酱。豆字来源于豆酱中放的青豆、黄豆、豆干粒、胡萝卜，而酱，则是因为在皮冻中加入了酱油、老抽，底汤成酱色，于是叫作豆酱。制作肉皮冻的过程也被称作"打豆酱"。

而在山东，肉皮冻简称为肉冻，也是酱色版本，具体材料十分多样，鸡肉、黄豆、花生，各家有各家的味道。我们家的肉冻只用猪蹄，原因有二：一是我爸不爱吃猪皮，嫌猪皮没什么味道，猪蹄的皮更加软糯，连着肉也香；其二是每逢过年，爸妈的单位就会分年货猪蹄，干脆通通拿来做肉冻。

小时候我妈的工作特别忙，红烧肉没时间慢炖，永远是酱油汤煮肉，包子没有时间发面，永远是死面包子，但是唯独肉冻，我妈一定会腾出时间炖到大半夜。一般情况下，做肉冻的时候馋虫如我会守在厨房里，美其名曰陪我妈，但实际上是为了吃满三种做法的猪蹄。

第一口是原味猪蹄，我妈通常会先用清水将整只猪蹄煮熟，再把猪蹄拆开，边拆边塞到"嗷嗷待哺"的我嘴里；第二口是红烧猪蹄，拆好的猪蹄会加入酱油、姜片重新回锅慢炖，等到猪蹄再出锅，吃到嘴里的就是一碗有汤的红烧猪蹄；至于第三口，就要等到第二天的午饭，煮熟的肉冻被装进一个超大铝盆里，放到阳台。经过寒气的加持，第二天表面凝着一层猪油的肉冻就成形了。接下来这盆肉冻就会成为正月里亲戚朋友串门之时的救场菜，切盘上桌，是凉菜中的"硬菜"，谁家没有肉冻总感觉一桌菜少了点气场。

现在，肉冻早已经不是过年才吃，气温到位，得闲空也就做了。写这篇文章的时候是在深秋，我跟我妈视频确认菜谱步骤，交代完步骤，我妈说："天冷，是该做肉冻了。"

如今，肉皮冻大概是冬天的信号了。

腊肉。

猪肉的时光旅行

文／蒋小娟　图／视觉中国

我一直不喜欢腊肉，觉得它又咸又硬，完全没有肉的弹糯，口感上一点儿也不讨喜。临近过年，南方几乎家家户户窗台上都挂满了腊鱼腊肉，密密麻麻。南方冬天的风软，不似北国的凛冽，风过都带有猪油的哈喇味道……实在是我童年春节的惨绿回忆。腊肉最简单的做法是切片蒸，一块好腊肉蒸出来油润透亮，届时家中长辈必会欣慰地说今年腌的腊肉真不错，而我只是默默去盘中夹一块红烧肉，对腊肉坚决视而不见。唯一喜欢的是一道湖北菜——腊肉炒红菜薹，红菜薹微苦，借了腊肉的咸香油润，吃起来极其曼妙。直到某天，在四川青城山吃了次老腊肉炒蒜苗，当时脑了里哐当的声，对腊肉的傲慢与偏见轰然倒地。太好吃了！满口的果木熏香、不柴不油，像四川妹子一般的娇俏泼辣，不吃两碗米饭简直对不起自己。更火上浇油的是，席间进来了一大家子本地人聚餐。有位爹爹提着一条黑黢黢的老腊肉，面带得意，嘱咐老板用自家这块腊肉炒菜。老板忙接过去，露出很懂行的笑容，赞了一声。于是接下来的时间，我都处在心急火燎、愤愤不平的状态：隔壁桌的腊肉一定更好吃，哼！

广式腊肠。

如果没有广式腊肠的话，该拿什么来拯救煲仔饭？

每年秋风一起，粤港澳大湾区的人民就暗暗搓小手，等着最华美的腊味季。因为南国湿冷，寒气入骨之际，大家对浓香型的食物就比较偏爱了。说到广式腊味，最常见的是腊肠与润肠。腊味铺子的配方各有不同，多是自家几代相传的秘方。比如东莞腊肠多是三七肥瘦比，加山西汾酒调味，油脂入口即化，酒香四溢。而像香港的蛇王芬腊肠则瘦得多，瘦肉占到八成五。除了猪肉为馅的腊肠，猪肝做的润肠也很受欢迎。腊肠的用料固然重要，肠衣亦是美味关键。肠衣的质素，决定了腊肠的口感。讲究的腊味店一般会用一年甚至两年的粉肠衣，因为陈年越久，肠衣越薄，做出来的腊肠，会特别脆口。最会吃的老饕只要一条腊肠一条润肠，蒸好了，摆在白饭上，就是光辉夺目的一餐。

火腿。

火腿之美在于清淡。很神奇的，明明是丰腴肥美的猪腿肉，经过时间的潜移默化居然生出难得的清贵之气。张恨水在《金粉世家》里写到民国豪门的夏天餐食：一碟鸡丝拌王瓜、一碟白菜片炒冬笋、一碟虾米炒豌豆苗、一大碗清炖火腿。大少爷看了分分钟想掀桌，"这简直做和尚了，全是这样清淡的菜"。你没看错，这里一大碗火腿是归于清淡菜式的。书中还有一处闲笔，说金燕西生病没有胃口，只能吃清粥小菜，厨房准备了一份拌鹅掌。资深老饕唐鲁孙先生看了，不以为然，道鹅掌不好消化，大户人家的厨子断不会给病人做这道菜，而应该用云腿拌荠菜这种清淡又有滋味的菜送粥。张恨水听了也不以为然，觉得唐鲁孙吹毛求疵。直到战时去了重庆，得了疟疾，食不下咽，张恨水方才想起唐鲁孙说的这道菜。做来一试，服气了。

清（青）酱肉。

　　知乎上有个非常伤感的问题：北京哪儿还吃得到清酱肉？答案为零，无人知晓。唐鲁孙先生若仍在世，怕是要伤心难过。作为清酱肉的知己，老爷子曾经对它不惜溢美之词："据说清酱肉要一年半才算腌好出缸，绝无油头气味，火腿要蒸熟才能吃，清酱肉只要一出缸就可以切片上桌，真是柔曼殷红，晶莹凝玉。陈散原先生生前说过，火腿富贵气太浓，倒是清酱肉清逸滉润，宜饭宜粥。足证清酱肉是小吃中的隽品了。"

　　老北平的清酱肉以天盛号和宝华斋的最为出名，曾列席为民国时北平四大手信之一：清酱肉、口蘑、通州蜜枣和熏茶这"老四样"。做清酱肉需要选用上好的猪后臀尖，抹上花椒面和炒盐，盐腌、酱浸、风干一步不能少。讲究的，要至次年开春封存于缸，霜降前后再开缸食用。之前一直很好奇，什么是清酱？后来看了端木蕻良的文章才知，民国之初还没有酱油，只有一种青酱——其实就是酱缸里豆酱上面那酿出的一层亮晶晶的油。

　　也难怪，青酱如今都很难寻了，清酱肉少见也不足为奇。

红肠。

每个东北的孩子都会在家宴时吃到一盘跟油炸花生米摆在一起的切片红肠。

品红肠就像闻香水，吃上一口，香味分着层级向你袭来，让你欲罢不能。烟熏味是前调，在吃之前就能闻到。熏烤的时候会消耗掉部分油脂，果木香也让人感觉十分清爽，好的红肠在熏过之后虽然颜色变深，但表面一点浮灰都没有，用纸巾擦也不会染上任何颜色，吃的时候不要把表皮撕掉，带着浓厚的山野气，才是真正的红肠味。肥肉香是中调，在你吃的每一口都能感觉得到。以前俄国老技师会要求在红肠的任何部位一刀切下去，都必须看到不多不少一块肥肉，如果不加肥肉，口感就会发干。蒜味是后调，也是灵魂，在你吃完一整根肠之后，肉香混合着蒜香会在你嘴中迟迟不肯散去。这时你要知道，愿意跟吃完红肠的你说话的，一定是真爱。肉香则是基调，切面中无大气孔，也无汁液，每咬一口，都会切切实实地感到肉香。哈尔滨红肠并不是传统的猪肉肠，是猪肉和牛肉的混合肠，肥肉香、蒜香、胡椒香，层次感十足。

肴肉。

提到镇江，一般第一个想到的是香醋，但是对于肉食爱好者来说，镇江之光必属于肴肉，比金山寺还要金光灿灿。镇江人早起就吃肉，"肴肉不当菜"，这种风气甚至传染到了江对面的扬州。镇江的宴春酒楼和扬州的富春茶社所设早茶都有这道必点菜，有遥遥呼应之感，又有暗暗较劲之态。

肴肉又叫水晶蹄髈，有两层：上层是约半寸厚的猪皮冻，下层是半红半白、以蹄髈肉和猪皮熬至起胶的肴肉冻。好的肴肉既油润，又有嚼劲。做肴肉，必用硝水，所以也称作硝肉。猪蹄髈作为主料，经精盐和硝水腌制，春秋两季要腌3—4天，冬天则要一周左右，之后再辅以花椒、八角、葱段、姜片、绍酒炖煮，是一道颇为费时费力的菜。不过吃起来就方便了，冷切成厚厚的大块，只需一碟香醋姜丝便足够衬托它的味道。一碟肴肉，一壶香茶，便是江南版的大块吃肉，大口喝酒了。

永远测不准的午餐肉

文 / T 摄影 / 姜妍 图 / 视觉中国

午餐肉就是肉类里的薛定谔的猫。永远测不准，永远好吃。

谁吃午餐肉不开心呢？

这么一大块肉，又没有筋，也没有骨，是人造的一种特殊口感，多么巧夺天工。

午餐肉看起来非常的光滑，平整。我最喜欢的就是撕开金属的顶部盖片，敲罐子底，让长方形整整齐齐的一块落在菜板上的感觉。造物主从来不造出直线，但午餐肉又偏偏是方正的。一种食物，将自然的味道和人工的形状融为一体，仔细想想多好玩。

你以为它只是一块午餐肉，但放入火锅里它又能吸收牛油和辣椒的味道，变成另外一种食物。太阳一直是太阳，但落山的太阳为什么那么多人爱看，因为落日像午餐肉掉进锅里，吸收海洋的气息，变成了另外一种介质。

介质，这个词很适合午餐肉。

它既是过程，也是结果，既是吸收，又是释放，有大一的不谙世事，也有大四的老练油条。午餐肉的外形很容易被搓扁揉圆，更厉害的是，它的味道也很容易被"搓扁揉圆"，不能用任何一种味道来规范它，它是一个通道，那鲜香弹滑的肉体，是由无穷的不确定组成的。

当你回忆一种午餐肉的时候，这种午餐肉的味道已经被你的记忆改变了。这么来说，午餐肉就是肉类里的薛定谔的猫。永远测不准，永远好吃。

午餐肉界神农氏阿驷

阿驷，东北中年宅男，过气网红，不入流段子手，业余插画作者。现蜗居在家做"妇男"，每日读书画画，掌勺钻研菜谱，今后有志于转型为美食博主。

Q: 你什么时候开始对品评午餐肉着迷？

A: 大约是两年前，在网上看到一个宅男关于午餐肉点评的完全手册，于是想起自己的宅男经历，觉得对方吃过的品牌不是很多，而且评介方式也很不公允，比如将一个品牌的高端火腿午餐肉与另一个品牌的涮锅版午餐肉进行对比，很有点田忌赛马的感觉。于是就在微博上按照自己感受，写了一些午餐肉的点评，没想到得到不少人的认可。之后我每品尝一种午餐肉，都会写一则点评。粉丝们开玩笑说我是午餐肉达人，我也就自嘲般地认领了。

Q: 评价午餐肉时你看重哪些特质？

A: 主要是两点：一是含肉量，二是开罐即食的味道。尽管高明的调味可以让一罐午餐肉瞬间脱颖而出，但是含肉量的多寡，才是午餐肉作为肉食是否美味的根本。从午餐肉诞生那天起，就主打快捷冷食这一特点，所以真正的优质午餐肉是不需要油煎炭烤来提升香味的。一碗新蒸的白米饭配合冷吃的眉州东坡或宾士佳这样的午餐肉，味道可以秒杀很多油炸才可入口的午餐肉。

Q: 午餐肉，你的主要吃法是什么？

A: 个人最喜欢卷薄饼吃，因为本着营养均衡和口味的原则，卷饼时可以同时加上一些青菜。另外我也喜欢直接吃。直接吃是最能体现一个午餐肉品牌的制作水准。

Q: 国内午餐肉跟进口午餐肉相比最大特点是什么?

A: 好的极好,差的极差,这就是国内午餐肉品牌的特点。一些国外午餐肉,比如皇滋味、世棒、三花、高云,或者是日韩的几个品牌,质量与口味都在水准线上十分稳定。即使不一定符合中国人的调味习惯,但绝对不会出现像国内杂牌午餐肉那种难吃的鸡肉淀粉坨子的情况。不过我能买到的外国品牌可选范围比较窄,这个结论有待商榷。

Q: 好的和差的午餐肉的三条标准?

A: 好的午餐肉含瘦肉量高,调味鲜香,冷吃与煎烤各有特色。差的午餐肉咸而油腻,淀粉与鸡肉含量较高,调味差。

Q: 家人有没有为你吃这么多午餐肉而担心过?

A: 其实,我并不像外人想象的那样吃了很多很多罐头食品,不少品牌我只吃上一两回就放弃了。最喜欢的那么几个品牌也只是偶尔吃。而且在我的影响下,家人对罐头其实更挑剔了,只吃优质和味道最好的。我也只是在发现新品牌的时候才会不管三七二十一地买来试吃一下。

Q: 哪几家午餐肉是好吃的?

A: 眉州东坡午餐肉、宾士佳传统老味道、长城小白猪、梅林金罐、德和经典云腿、小猪呵呵,这六款午餐肉我一直深爱不变,我很期望有更多优质的国产午餐肉加入我的心仪行列。 至于国外,美国的世棒清淡版、西班牙的高云黑毛猪,还有韩国的清净园高钙,这三种是我比较喜欢的。

Q: 你吃过多少种午餐肉?

A: 基本上国内的品牌都吃遍了,只要网上见到并能买到的,基本都会买来试吃一下,加上一些进口品牌,大约吃过40多个品牌。每个品牌本身还有多种档次和口味的不同款,具体已经记不清了。有些较差的品牌,只会吃两次,第一次给差评,第二次是为了再次确定自己的味蕾有没有问题。

Q: 午餐肉的长保质期值得担心吗?

A: 很久以前担心过,比如民间关于防腐剂的说法,但后来随着资讯的发达,外加认识了一些食品加工企业的朋友,才知道这是个误会。罐头之所以能够长期保存而不变质,完全得益于密封的容器和严格的杀菌,根本不需要加什么防腐剂。我记得以前看资料,在低温干燥的仓库里,许多罐头都超过正常保质期数倍时间,依然可食用。当然,出于口味考虑,罐头食品也是越新鲜越好。至于所谓过多食用罐头食品的缺点,主要集中在含盐量高上,也许是低盐肉食都不够鲜香吧? 其实吃过国外大品牌午餐肉后你就会发现,无论是世棒还是三花,比国产很多品牌都咸。所以罐头食品可以放心吃,但是不能连续吃,毕竟白开水喝多了也会影响健康的,对不对?

Q: 在微博上点评午餐肉,有没有引来商家找你做推广? 我看有一些商家你明确说了不愿意推,是为什么?

A: 这里有个不得不说的八卦。之前我在网上因为午餐肉有了一点点知名度后,有个厂家找到我,付费给我，要我定期写推荐软文发到网上。而恰好我吃过那个品牌，我不敢说它是最差的，但绝对是最差的之一。于是我就对那个品牌的人说，如果在网上夸你们的午餐肉好吃，让大家快去买吧，那么过一阵子，我得被无数喜欢囤积午餐肉的宅男痛殴到生活不能自理。所以，对于优质的国产午餐肉品牌，我很乐意做自来水，而对于差劲的品牌，我会爱惜羽毛，退避三舍。

Q：能说说跟厂家打交道的时候的趣事吗？

A：最有趣的大概就是眉州东坡和宾士佳这两家午餐肉吧。这俩品牌当初都是主动跑来感谢我在网上的褒扬，我也特别高兴看到他们从不知名的新品牌卖到如今爆仓。听说每逢活动，快递打包的小哥都累到手肘脱臼。

Q：不好的午餐肉，除了一般人认为的满口淀粉之外，还有哪些口感上的特征？

A：淀粉其实不是午餐肉难吃的主要原因，最主要还是调味。前一阵我试吃了一款新品牌的含肉量较高的午餐肉，但给我的感觉非常不好。不知道是猪肉排酸不好还是别的什么原因，明明开罐看上去满眼瘦肉颗粒，但是吃到嘴里却没什么肉香，而且冷吃还有种浓烈的腥气。我感觉这个品牌得在调味手段上下下功夫了，不然这个新品牌很快口碑就会倒了。另外，很多厂家为了降低成本，会在一些低端版本的午餐肉里加一些鸡肉，这种办法我不知道是不是国产午餐肉的独创。出于口感需要加一点鸡肉本来是无可厚非的，但是加入鸡肉

的午餐肉，如果猪肉含量还很低，那味道就可想而知了。而很多打着"涮火锅专用"的午餐肉都是这样的，四川有很多莫名其妙的火锅午餐肉品牌，很差很差。是不是因为火锅的麻辣感让大家都对午餐肉的品质变得麻木了？

Q：你去国外旅游会吃午餐肉吗？

A：肯定会啊，国内能买到的进口午餐肉种类太少了。如果将来有条件了，一定要遍尝天下，到时候请称呼我为"午餐肉界的神农氏"。

Q：就你所见，国内的午餐肉生产目前处在一个什么水平？

A：国内最好的几个品牌的午餐肉，就我个人的体验，一点不比国外大品牌差，甚至还超过它们。要知道，我们也是个午餐肉出口大国呢。都是猪肉食品，只要用心去做，和老外比顶多只有调味习惯上的小区别，没有质量上优劣。

Q：除了午餐肉你还喜欢吃什么熟制肉制品？

A：我是无肉不欢的那种人，各类肉食都会吃一点。如果你所说的"熟制肉制品"不把我妈妈做的酱牛肉和锅包肉算在内，我想大概就是机制肉类熟食吧，那么除了肉罐头，小时候特别喜欢广式的甜口腊肠，后来大概是吃太多，吃伤了。现在反倒对四川腊肠更感兴趣，特别是微辣的那种。东北有种秋林风干肠不知道你们吃没吃过，我也很喜欢。

阿骀最爱的午餐肉测评
（1—5星，5星为最高）

眉州东坡

调味: 香料运用得当，开罐飘香就是最好的注解。
含瘦肉量: ★★★
冷吃适合度: 100%
综合成绩: ★★★★
特别评语: 涮锅如果称第二，那便无人敢称第一。

长城小白猪

调味: 午餐肉应该什么味道，长城小白猪就是什么味道。
含瘦肉量: ★★★
冷吃适合度: 90%
综合成绩: ★★★
特别评语: 出口版含肉量明显更高。

宾士佳传统老味道

调味: 与小白猪同门，所以调味近似。
含瘦肉量: ★★★
冷吃适合度: 90%
综合成绩: ★★★★

小猪呵呵

调味: 调味与韩国午餐肉特别近似。
含瘦肉量: ★★★
冷吃适合度: 80%
综合成绩: ★★★

梅林金罐

调味：周星星说：在与一堆梅林
各款对比之下，她真是美如天仙。
含瘦肉量：★★★
冷吃适合度：90%
综合成绩：★★★

德和经典云腿

调味：虽然你加了鸡肉，但我
知道你依然是一罐好午餐肉。
含瘦肉量：★★
冷吃适合度：85%
综合成绩：★★★

西班牙高云黑毛猪

调味：肉香很浓。
含瘦肉量：★★★
冷吃适合度：80%
综合成绩：★★★★★

美国世棒清淡版

调味：比较符合国人口味
的一款世棒。
含瘦肉量：★★
冷吃适合度：75%
综合成绩：★★★

韩国清净园高钙

调味：个人认为是进口午餐肉
里调味最好的。
含瘦肉量：★★
冷吃适合度：90%
综合成绩：★★★★★

忆吃羊岁月

中国人吃猪之前，羊肉才是肉食界的扛把子，拥有大批皇室粉丝。在宋朝，猪肉的消费甚至不及羊肉的零头。即便现在退居二线，羊依旧贵族气质不减，留下的吃法都是精华。

文／王琳　图／小肥羊视觉大片

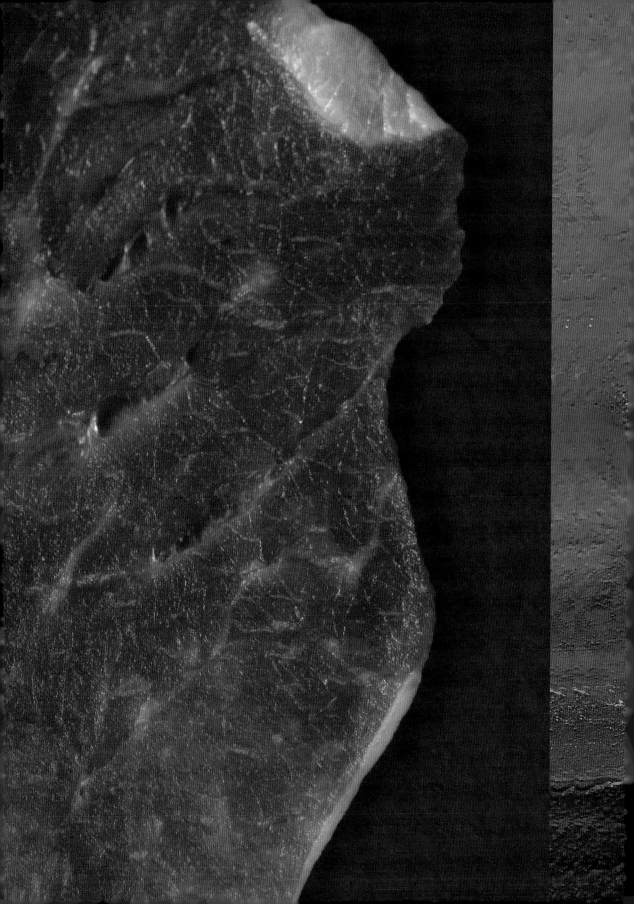

五千年吃羊大事记

文 / 黄尽穗 图 / 小肥羊视觉大片

吃羊不是小事，羊脂羊膏中藏着中国历史的密码。

承认自己爱吃羊肉，有时是需要一点勇气的。

毕竟它太香烈，太鲜浓，太富于世俗的肉欲了。牛肉正气凛然，猪肉驯服温顺，唯有羊肉气势汹汹，带着一身来自草原的腥膻，火烤或爆炒、孜然或姜葱都杀它不净，入口从触感到气息，都在鲜明敞亮地提醒你：我是肉！羊肉！

所以在很久很久以前的中国，羊肉并不那么受汉人青睐。它属于辽阔的西域，属于长风猎猎的草原，是粗犷豪爽的"胡人"最爱。南朝的王肃投奔北魏，起先不吃羊肉不喝奶酪，仍依着南方的习惯，吃鱼羹、喝茗茶，待了几年之后才渐渐入乡随俗。有一次，他在殿会上吃了不少羊肉，孝文帝见了还觉得奇怪，问他："羊肉和鱼羹比起来怎么样？"王肃答得很聪明："羊者是陆产之最，鱼者乃水族之长，所好不同，并各称珍。"两边都不得罪。

唐代胡风渐盛，羊肉才跟着流行开来。韦巨源宴请唐中宗的"烧尾宴"上，有"羊皮花丝"（拌羊肚丝），有鱼羊混制的"逡巡酱"，还有三百条羊舌与鹿舌烤成的"升平炙"。据《唐语林》记载，当时富人们饮宴，要吃一种叫"古楼子"的菜式，将一斤羊肉剁成馅，夹在胡饼之间，用花椒、豆豉调味，入炉烘烤得吱吱冒油——碳水化合物与动物脂肪结合的精妙之处，古人很早就懂。

我没有想到，崇儒尚文的宋朝人，居然也爱吃羊。吕大防曾经向宋哲宗讲述祖宗家法："饮食不贵异味，御厨止用羊肉。"（《清波杂志》卷一）毕竟耕牛珍贵，牛肉轻易不能吃；而猪肉又是上不了台面的平民食物，皇室每天吃来吃去，几乎都是羊肉。

北宋建立后不久，吴越国王钱弘俶入汴京朝拜，宋太祖让御厨准备南方菜肴招待。但厨房里常备的肉类只有羊肉，御厨仓促间只好"取肥羊肉为齑"，把羊肉腌成肉酱，称为"旋鲊"，效果竟然很好，宾主尽欢，这道菜后来在皇室宴席上的出镜率也颇高。

最喜欢吃羊肉的，该是宋仁宗。他在位时，宫中一天要宰280只羊，一年下来就是十万多只，数量可谓惊人。他曾有一晚想吃烤羊肉，但害怕此例一开，将来宫里夜夜都要杀一只羊以备供应，于是活生生忍了一夜，觉都没有睡好。

堂堂一国之君，馋起夜宵来，想念的不是精巧的"羊头签""羊舌签"，也不是考究的"酒煎羊"，居然是粗放敦实、真刀真枪的烤羊。大口撕下烤得焦脆的边缘，迎接不加修饰的肉香和盈盈泛光的肉汁，最好再配一壶自斟自饮的酒——唉，我相信这位皇帝一定跟我一样，对羊肉有一种纯正的、返璞归真的爱恋。

但皇室天天吃的羊肉，平民百姓却只能偶尔尝鲜。苏轼被贬惠州时，当地市集上每天只杀一只羊，羊肉供给官家，他只好买点羊脊骨（也即羊蝎子）来解馋。羊脊骨拿回家，先煮熟，再沥干，泡点米酒，撒些盐，烤到微焦，慢慢剔出肉来，丝丝缕缕地嚼。他形容这体验"如食蟹螯"，想想

也很让人神往。

苏轼大概料想不到，南宋以降，读书人都在努力背诵他的文章，以期有朝一日能吃上羊肉。当时文人之间流传着一句俗语："苏文熟，吃羊肉。苏文生，吃菜羹。"（陆游《老学庵笔记》卷八）在科举考试中，追慕苏轼文风才有可能中举，进而步入仕途赚大钱。毕竟那时别说平民百姓，就连普通官员也几乎买不起羊肉。宋室南迁之后，羊肉供应减少，几斤茶叶才能跟辽人换到一只羊。当时苏州的羊肉，一斤可以卖到九百钱，而一整头猪的价格，也不过千余钱而已。苏州官员高公泗吃不上羊肉，只好作打油诗自嘲："平江九百一斤羊，俸薄如何敢买尝？只把鱼虾供两膳，肚皮今作小池塘。"

爱吃羊肉的人，应该投生去元代。众所周知，涮羊肉为忽必烈发明，手下跟着他是能吃到涮羊肉的，而平民百姓呢，最不济也有羊杂碎可以吃。山西人的"羊杂割"，据说就起源于元代。把便宜的羊头、羊蹄、肠、肚、心、肝、肺等等，洗净后

中国古代吃羊史

周朝

代言人：周天子
代表菜：炮牂（炖羔羊）

商周时期，羊作为吉祥意象的代表频繁出现在祭祀礼上，饲养量因而大增。当时的周天子每日膳食中必有羊肉，不过这羊肉只有贵族阶层才能享用。

汉朝

代言人：汉武帝
代表菜：羊肉灌肠

汉武帝反击匈奴胜利之后，匈奴的马牛羊络绎入塞，加上水草丰茂的河西归入西汉版图，养羊业的发展迅速进入高潮，羊肉逐渐进入了百姓的生活。

北魏

代言人：孝文帝
代表菜：胡炮肉

北魏孝文帝迁都洛阳实行汉化，游牧民族为洛阳带来了独有的羊肉饮食，两种民族文化相互碰撞磨合，中原地区的人们这才开始逐渐接受羊肉。

加香料煮至软透，汤色翻滚成油润的奶白，把羊儿毕生积攒的鲜美都浓缩进去，烫烫地喝一口，就从舌尖一路暖进了胃里。

羊杂割再精练一些的版本，便是羊肚汤。《窦娥冤》里，张驴儿往蔡婆婆要喝的羊肚汤里下毒药，没想到却被自己的父亲张老儿喝去，毒错了人。尝过羊肚汤的人都明白，张老儿难怪要死，毕竟炖到酥软的羊肚，那鲜浓滋味，寻常人实在抗拒不得。

另一个羊肉的盛世，当然是清朝。从康熙、乾隆到慈禧太后，都是羊肉火锅的忠实爱好者。招待贵客，还有规模仅次于满汉全席的"全羊席"，从羊头到羊尾十几个部位，动用炒、熘、炸、爆、煎、烧、酱、冻、熏等种种手段，演绎出几十上百种菜品。羊鼻尖叫"采灵芝"，鼻脆骨叫"明鱼骨"，上下眼皮叫"明开夜合"，甚至连羊耳的耳尖、耳中、耳根，都能各自成菜。把一只羊吃干抹净，这大概是我见过最繁复的方式了。

比起其他几任皇帝，雍正在饮食方面似乎没有太多嗜好，但我知道他一定也爱羊肉。他曾经给年羹尧写过一道朱笔密谕，说："宁夏出一种羊羔酒，当年有人进过，有二十年停其不进了。朕甚爱饮他，寻些来，不必多进，不足用时再发旨意，不要过百瓶。"这羊羔酒出自宁夏灵州（今灵武），真真切切是羊肉做成的酒。每年冬春季，取出生不久的肥美羊羔肉，配上枸杞、长枣等宁夏特产，经过复杂的蒸煮、发酵工艺，历经三个多月制成。至于具体配方和做法，则是当地酿酒家族代代相传的秘密。

我没有喝过羊羔酒，不知道让雍正心心念念、密旨寻求的究竟是怎样一种味道，只听说这酒色呈琥珀，入口柔润绵甘。但我很佩服第一个想到拿羊肉酿酒的人，羊肉辛烈，酒也辛烈，酿酒人却能让它们互相厮杀镇压，挫掉锐气，再交由时间细细打磨，最终留下一抹骨醉脂香的魂魄，在某个暮冬的夜晚悄然启封。

你看，毕竟还是中国人，才能把桀骜不驯的羊肉，也吃得这样温柔。

唐朝	宋朝	元朝	清朝
代言人：唐中宗	代言人：苏轼	代言人：忽必烈	代言人：袁枚
代表菜：羊皮花丝	代表菜：羊蝎子	代表菜：涮羊肉	代表菜：全羊席
唐朝胡风盛行，胡人以羊肉为主的饮食自然也成为风潮。不仅盛行羊肉面点，就连韦巨源宴请唐中宗的"烧尾宴"上，羊肉制成的菜肴也是主角。	宋代是历代以来食羊风尚的顶峰。不单皇室喜爱，都城东京肉贩每日杀羊也动辄百数。苏轼被贬惠州时，买不到羊肉，也情愿买些"羊蝎子"解馋。	蒙古涮肉始于元朝，传说忽必烈在行征途中想念草原美食，因为打仗时间紧迫，伙夫急中生智，将羊肉切薄片涮熟，立刻就吃，从此这种鲜美快速的吃法就流传了下来。	清朝是另一个羊肉的盛世，但较为宋朝更为精致。其中的代表就是袁枚在《随园菜单》中写下的全羊席，"一盘一碗虽，全是羊肉，而味各不同"。

中国名羊地图

文 / 福桃编辑部 插画 / Tiugin、喔哦噢呕少年

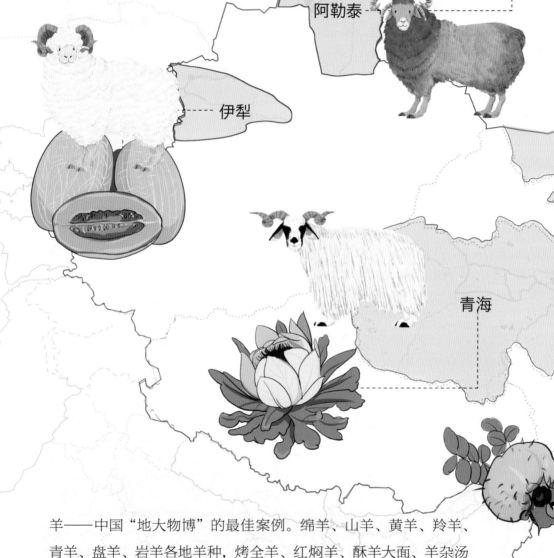

阿勒泰

伊犁

青海

羊——中国"地大物博"的最佳案例。绵羊、山羊、黄羊、羚羊、青羊、盘羊、岩羊各地羊种，烤全羊、红焖羊、酥羊大面、羊杂汤代表菜品，连着都可以撑起一台相声贯口《报菜名》。群羊之中，哪只才是最能代表中国羊肉美食的种子选手？有了这份大中华名羊地图，尽管大胆出发吃羊肉吧！

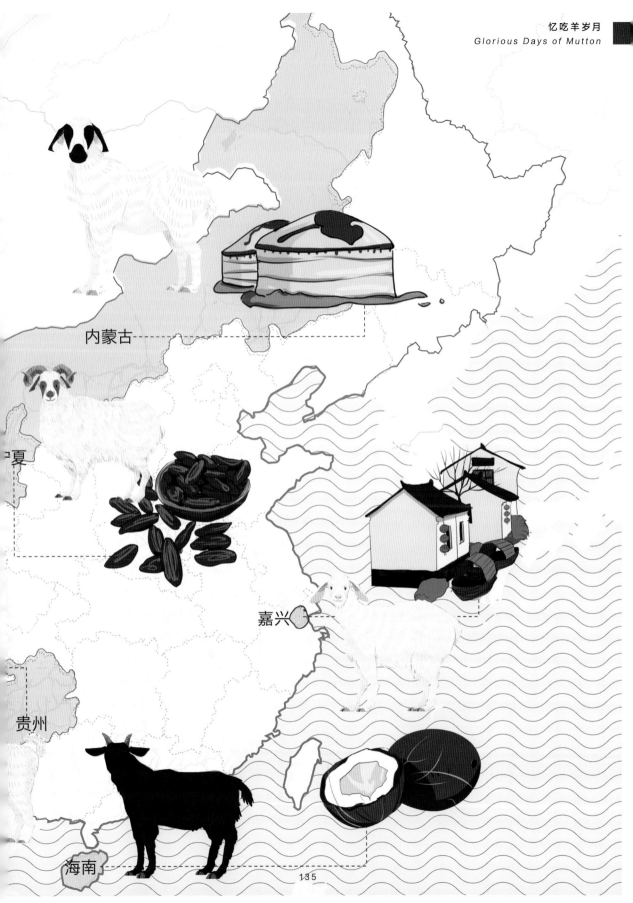

内蒙古

夏

嘉兴

贵州

海南

贵州白山羊

贵州白山羊

祖籍：贵州东北部

种类：山羊

长相：白色短毛、有角向外

口感：肉质细嫩，脂肪分布均匀

代表菜：贵州羊肉粉

米粉上那一层薄薄的羊肉片，是煮熟之后压块切成的，很是入味。汤中浇上鲜红的辣椒油，撒上花椒粉、蒜苗、香葱、芫荽，连粉带汤暴风吸入一大碗，头上起一层密密的细汗，这才算吃了一碗正宗的贵州羊肉粉。

唐古拉藏羊

唐古拉藏羊

祖籍：青海海西州

种类：绵羊

长相：体格高大、扭旋外角

口感：肉嫩味美，膻味小

代表菜：炕锅羊排

青海的手抓羊肉很有名，但炕锅羊排更具特色。掀开锅盖的那个瞬间，羊肉的肉香混着孜然和土豆的焦香充斥鼻腔，单是这样就已经让人觉得值回票价了。羊排外层焦脆，内里却依旧滑嫩，软软的土豆又带着一点羊肉滋味，相得益彰。吃到半时，来上一杯杏皮水解腻，惬意人生不过如此啊。

东山羊

东山羊

祖籍：海南东山

种类：山羊

长相：全身乌黑发亮，有角

口感：皮嫩肉厚，无膻味

代表菜：红焖东山羊

在东山吃红焖羊肉，顺带点上一碟东山烙饼的人会被老板高看一眼。在你饱尝软烂的羊肉滋味，胶质混着汤汁交织唇间，张不开口时，咬上一口外酥内软的东山烙饼，清新的小麦香气就能瞬间化解此时的油腻。你也可以把烙饼沾足汤汁，这又是完全不同的滋味了。

湖羊

祖籍：浙江嘉兴

种类：绵羊

长相：毛白无角、耳大下垂

口感：鲜活不膻

代表菜：酥羊大面

大块羊肉被苏草扎成一捆，加上不去皮的甘蔗，用酱油、白糖、味精及去腥味的作料，放在瓦缸中焖煮。面条与羊肉用两个蓝边碗单独盛上桌来，吃的时候再用筷子把羊肉夹到面里。焖过的羊肉就一个"酥"字，用筷子轻轻一拨就能分开，和面拌着一起，再不管别的，大口地吃吧。

湖羊

新疆细毛羊

新疆细毛羊

祖籍：新疆伊犁

种类：绵羊

长相：体躯深长、有螺旋大角

口感：纤维少、细嫩多汁

代表菜：红柳烤串

红柳烤串除了肉块硕大，吃起来十分豪迈过瘾之外，有了红柳的加持，新疆人甚至可以不用孜然、辣椒面壮胆，只用一点盐清烤，可见其对红柳烤串信心十足。烤化了的羊油和羊肉混合出鲜甜的滋味，配上红柳枝又给羊肉带来了一种类似坚果的烟熏香气。

阿勒泰羊

祖籍：新疆福海

种类：绵羊

长相：棕红色毛发、方圆形脂臀

口感：肉嫩鲜香、清甜

代表菜：羊肉焖饼子

焖饼子的诀窍，是在羊肉快烧好时，迅速盖上一张张纸薄的饼子，焖至面皮发筋。用手撕开饼子时，能感受到饼的韧性。出锅之后，羊肉筋道有味，不显油腻，上层饼子软而不黏，下层饼子吸收了羊肉的汤汁，它才是羊肉焖饼的主角！

阿勒泰羊

盐池滩羊

盐池滩羊

祖籍：宁夏盐池

种类：绵羊

长相：鼻梁隆起、角螺旋向外

口感：无腥味、自然清香

代表菜：清炖羊肉

清炖羊肉的汤是比羊肉更美味的存在。宁夏人多会放一些本地的枸杞和白萝卜同煮，肉色白嫩、汤色清亮，不带一点腥膻。迎风的寒冬在路边小摊喝上一碗，感觉自己也能唱上一首信天游。

乌珠穆沁羊

—天下第一羊

乌珠穆沁羊

祖籍：内蒙古自治区锡林郭勒盟

种类：绵羊

长相：黑色头颈、白色身子

口感：肉质细嫩，膻味最小

代表菜：小肥羊火锅

涮羊肉主要还是吃肉，清水做锅底，只是多了几片鲜姜和
大葱。就像广西人不觉得螺蛳粉臭，内蒙古人也不知道什
么叫羊肉膻。水沸即下，变色即出，好羊肉空口吃都自带
一股子清甜，可以蘸韭菜花，也有人会蘸酸奶，这样的搭
配也只会出现在草原上了。

南北纬45度
生活着全世界最好的羊

文 / 刘树蕙 图 / 小肥羊视觉大片、视觉中国

从出生起，乌珠穆沁羊就立志做一只有理想有追求潇洒走天下的羊，因此它过上了幸福的草原生活，吃着鲜花啃着草药，心无旁骛地养生。

全世界最好的羊在哪里？

几千年来，吃羊人民都在苦苦寻觅羊的巅峰应该出自何处。

西域高原的羊，在寒冷地带练出一身长羊毛，更适合穿在身上。南方的山羊勤勤恳恳登山爬坡，能攀岩九十度垂直的悬崖，可惜肉质太膻太紧，只有带皮加糖红烧方能凸显它的美味。

而在南北纬45度，这片被称为"黄金草原带"的地方，生活着一群让人都艳羡的乌珠穆沁羊，它们每日餐英食露，看着苍茫大地上的日升月落，和其他咩咩羊一起吃喝玩乐，谈人生哲理，顺便谈恋爱。每一只羊都享有6个足球场面积的草原，每一天都随意奔跑，随处安家。

再看看生活在城市里吸着雾霾、拼命工作、每天通勤三小时被挤成沙丁鱼罐头的人类！真是太可怜了！于是，每一个从内蒙古回来的外地人，都对此表示艳羡不已，他们想留下来和这些小肥羊一起生活，劈柴喂羊，潇洒春秋。

我的家
在锡林郭勒大草原
一日三餐吃花吃草
喝泉水
这么可爱的我
你舍得吃吗？

而每一个离开家乡的内蒙古人，也对乌珠穆沁羊充满了思念，不仅仅是出于对那片广袤土地的爱恋，还因为他们有一种习惯，出了内蒙古，就不再吃羊，这是全世界最好吃的羊，举世无双。

乌珠穆沁羊，就这样被给予了厚望和崇高的地位——"天下第一羊"。

其实在几百年前，它的身份就已经十分尊贵。根据《马可·波罗游记》和《元史》记载，元朝初期，锡林郭勒草原就被单拎出来作为皇家御用草场，并且他们在不知道吃了多少种羊后，竟然有目的性地相中了这种黑头白身浑身上下都是肉的绵羊，进行专门培育，用作祭祀天地和祖先。

如今，它还成为中东皇室贵族的特供。每年，都会有几万只乌珠穆沁羊从内蒙古坐车去秦皇岛，再从秦皇岛坐船去约旦。

因为从它出生起，就是一只有理想的羊。不愿受束缚，基因里带着"散养"的性子。

历代都在锡林浩特放牧的羊倌无奈地说："即使在零下40摄氏度的严冬里，也只能放牧，不能圈养，它们可聪明了，能扒开雪吃草。"

乌珠穆沁羊的血液里似乎流淌着与忽必烈相似的血液，终生在草原上游荡，它们一天能走 15—20 公里，走到哪儿吃到哪儿，所以身体锻炼得十分结实，你从肉的大理石纹理上就能看出来，纹路紧凑，肥瘦搭配均匀。如果乌珠穆沁羊参加羊界的选美大赛，一定是让人羡慕的健身冠军。这时别的羊若是问起乌珠穆沁羊吃的是什么健身餐，它们会放眼望向那无尽的草原，再回头看看脚下的草地，低沉着声音说：哪有什么健身餐和独特的养生秘诀，自己挑剔一点，就够了。

乌珠穆沁羊就是这样一种既矫情又挑剔的羊，对于一日三餐，心中自有计较，牧民备下的干草是多余的，它们只挑草原上的新鲜草吃，有花就先吃鲜花，然后吃沙葱，吃蘑菇，吃蕨菜，就连喝水都只喝活水……锡林郭勒草原上的种子植物 658 种，苔藓植物 73 种，大型真菌 46 种，药用植物 426 种，都是它们的盘中餐。

图片来自于小肥羊

|最好吃的技法|

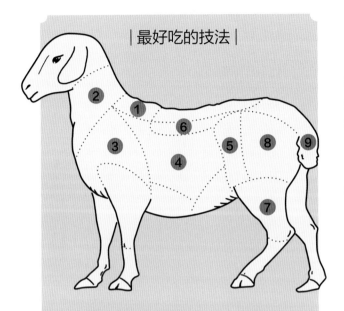

1. **上脑**：位于后颈的脊骨两侧位置，肋条前方，质地娇嫩，每只羊仅拥有 200 克左右，适合涮着吃。

2. **颈肉**：质地较老，筋多，韧性大，适合红烧和酱制。

3. **前腿**：肉中夹筋，筋肉相连，适合烧、炖、酱煮。

4. **肋条**：肋骨连着的肉，外部覆盖着一层薄膜，油花呈天然的大理石纹路，肥瘦合适，质地松软，适合涮、焖、扒、烧。

5. **黄瓜条**：位于磨裆前端，三岔下端，质地较老，适合烤、炸、爆炒。

6. **里脊**：紧靠着脊骨后侧的小长肉条，纤维细长，是羊身上最鲜嫩的两条瘦肉，适合涮着吃。

7. **腱子**：腿上的肉，肉中夹筋，适合酱制。

8. **后腿**：比前腿肉更多而且更嫩，脂肪很低且美味，适合烧、炖、酱煮。

9. **羊尾**：全是脂肪，肥嫩香浓，适合拔丝。

经过常年进食草药后，乌珠穆沁羊自己便成了蒙医常用的药引子。如果有人大病一场，尤其是患了风寒，只要羊肉下锅，热腾腾煮一碗，肉兴许没胃口咽下，但这汤在任何时候都能让人有生的希望。

对这种羊越了解下去，就越是觉得它的不一般。比如，其他的羊都是 13 块胸椎、6 块腰椎、26 根肋骨。独独乌珠穆沁羊，生有14 块胸椎和7 块腰椎，28 根肋骨，愣是比别人多一两块，这自然也让它们的肉比别人多出一块来，这种独特也让它长久以来受人尊敬。

导致在它赴死的那一刻，人们都为它选择了最有尊严的死法——"掏心"。看上去凶残无比，牧民却明白，这种死法痛苦极少，在羊腹开一个小口子，直接切断大动脉，地上却鲜见有血迹出现，羊在极其短暂的时间里死去，没回过神来，血液还是在身体里流淌的，肉质自然不会紧缩，口感最细嫩。

每年七八月，牧民就把羔羊送进附近的小肥羊肉业基地。对于这种面向全球顾客的餐厅来说，肉一定要以尝不出膻味才佳，何况小肥羊一直以不蘸料为特色，肉质的清甜口感至关重要。那时候的草原，青草正嫩，河水汪汪，羊羔们吃得正是香甜，但它们也无所畏惧阿訇手里的那把圣刀，对每一只乌珠穆沁羊来说，活到多大岁数都无关紧要，每一天自由又潇洒地活着，自己的使命也就完成了。

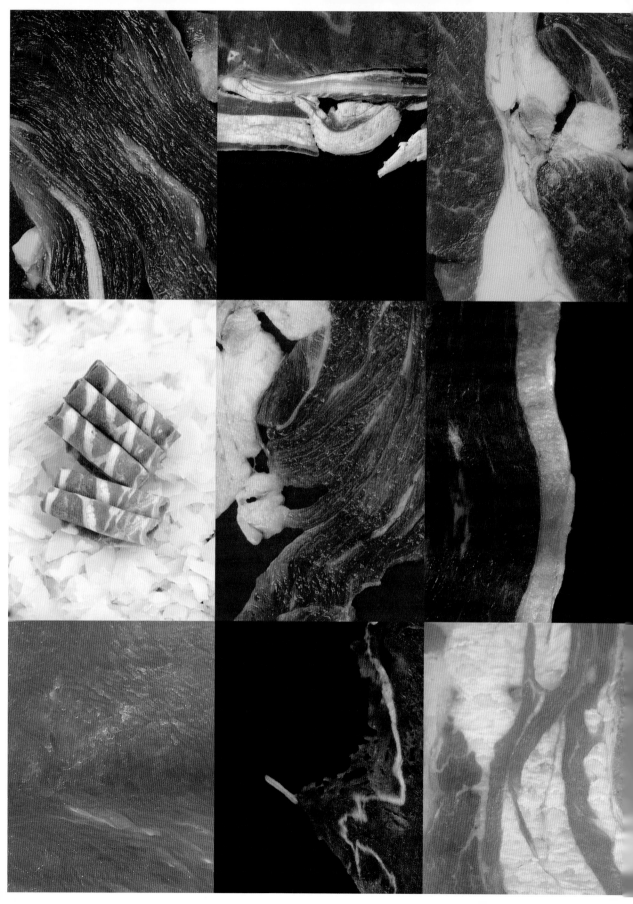

吃羊肉需要蘸料吗？

文 / miya　图 / 小肥羊视觉大片

羊肉的膻味儿，可能是南方人眼里羊肉的唯一缺点，但在内蒙古人眼里，这一点不足为虑，因为他们的羊好吃到不用蘸料。

朋友阿木是广东人，来北京有五六年了，把帝都的食物都吐槽了个遍，独独对羊肉"口下留情"，直言羊肉还是北方的好，广东哪有什么好吃的羊肉。

北方羊肉做法也多，南方人到北京，首先想到的是涮锅。热气袅袅的锅子里沸水翻腾着，夹起一片樱红雪白的嫩瓜条儿到锅里，再蘸上一口放了香菜、韭菜花、辣椒油的麻酱，对帝都的第一印象就不会差了。

然后是烤羊肉，坐在烟火缭绕的炉子旁，挑好想要的羊腿，等腿拿去烤的间隙，点上二十来个羊肉串、五六只烤羊腰和"花毛一体"，就着燕京的鲜啤，三五好友一口啤酒一口肉，便暗暗地对这座城市生出了依恋，就算再想离开也舍不得这一口撒了孜然和辣椒粉的羊肉串了。

他很快便琢磨起羊蝎子来，羊脊骨先炖上几小时，就有了一锅子的胶原蛋白，吃肉、喝汤、嘬髓三不耽误，末了再来份大白菜和冻豆腐。心里默默念着，下次等父母过来，一定要带他们来尝尝，因为出了北京城，别地就难吃到了，只是南方来的父母，吃不吃得惯这味道就得另说了。

等到把这四九城的羊肉都尝了遍，嘴甜点和店家套个近乎，就知道哪能买到新鲜羊肉了。广东人喜欢琢磨吃，阿木得知哪有好羊肉卖后，便决意买回来自己做。也不是什么复杂的做法，秉承广府人一贯的原味主义，砂锅里加矿泉水，放入姜片、葱白，等水烧开，夹进去一筷子切好的羊肉，小料也是提前准备好的，鱼露、酱油混着点小米椒，有点简易版"打边炉"的感觉。

我一直觉得，阿木这么多年都没有离开北京，有羊肉的一半功劳。每次过年回家，他也不带什么伴手礼，熟识的羊肉店买来二三十斤鲜羊肉，用冰袋保鲜着，一路开车护送回去。可惜家里人不太懂烹饪羊肉的法子，很多时候，做出来的羊肉都略有膻味。

说起来，阿木其实是个对味道十分敏感的人，小时候母亲用稍有些味道的牛肉炒了个菜，妹妹吃得极香，他一筷子吃到嘴里便察觉味道不对了。所以对于这北方的羊肉，他也不是百分百全然满意的，主要是因为羊的膻味，这是他眼中羊肉唯一的缺陷。

> 内蒙古人的手把肉不加任何作料，出锅后蘸点韭花酱，老人小孩吃得满嘴流油，美味极了，哪里会觉得一丁点儿膻。

这种令他不太愉悦的气味，是由羊特殊的消化系统造成的。羊是反刍动物，胃里有大量的微生物，用于初步消化，在这过程中会产生一些挥发性的脂肪酸，被吸收到了羊的皮下脂肪里，便产生了羊膻味儿。中国目前有140多种不同种类的羊，最常见的是舍饲圈养的小尾寒羊，这种羊发育快、适应性强、价格也便宜，因而成了市场上羊肉的主要来源，但小尾寒羊的膻味较大，久而久之，很多食客便以为凡是羊肉一定膻，对它敬而远之了。

其实是有点误会了，羊肉根据羊的品种、性别、年龄和饲养方式不同，羊膻味儿也会产生大小差异，像山羊就比绵羊膻，大龄羊比小羊羔膻，圈养的比放牧的膻，业界公认的，那些自然放养、以牧草为食的蒙古绵羊，羊膻味儿就最少了。《舌尖上的中国》第二季里有一集讲内蒙古人的手把羊肉，在烹煮过程中不加任何作料，大火旺灶煮上40分钟，出锅后蘸点韭花酱，老人小孩吃得满嘴流油，美味极了，哪里会觉得一丁点儿膻。

荤腥膻，是南方人眼中的重口味，但在内蒙古人看来，羊肉是没有所谓膻味儿的。有美食记者去锡林郭勒大草原采访，和当地牧民聊起来，说他们一般只吃三岁左右的大羊，那个味儿重，而羊羔肉对他们来说味儿太淡，自己几乎不吃，都拿去卖掉。

这拿到市场上的羊羔肉，多数供给了小肥羊这样的全球化火锅店，所以我们在小肥羊里吃到的羊肉是没有膻味儿的。小肥羊目前所使用的羊肉大部分来自锡林郭勒大草原的蒙古羊中的乌珠穆沁羊，选用的也多是6个月左右的小羔羊，火锅底料中还添加了中草药，一丁点膻味都不会有。他们还自创了一种全新的火锅吃法，就是不蘸料，空口白尝涮好的羊肉，感受羊肉最原本的鲜美，这才是对羊的尊重。

阿木琢磨着，父母要是吃不惯羊蝎子，倒是可以来小肥羊吃吃羊肉火锅。

阿木也和一位卖了几十年内蒙古羊肉的老板聊过这事，老板的意思是，羊味并不是膻味儿，真正好的羊肉，吃在嘴里有淡淡的奶香。想起自己在小肥羊点的几盘雪花羔、肋腹卷，清汤煮过，还真是奶香味儿。他这个南方人对羊膻味儿的恐惧，也就不治而愈了。

吃完羊肉，我们就熟了

文 / miya 插画 / 蔓蔓

无论是春节的羊肉饺子，夏天的红柳烤串，还是老苏州人家的藏书羊肉，再或者是
冬天的涮羊肉，每个季节遇见了羊肉，我们的关系好像就更加熟络。

虽然大家都有点忌讳羊这个生肖，但羊肉倒的确是大众宠儿，东西南北，无冬历夏，羊肉总能在对的时间出现在对的地点，若再遇到会吃的食客，便是一个很有记忆点的饭局了。

北京人逢年过节就吃饺子，冬天白菜猪肉，立春过后，百草相继冒头，菜市里买来几把荠菜，剁碎了做羊肉饺子正好。羊肉饺子对于北京人，犹如桂林米粉于广西人，是割断不了的乡愁。张北

海自小离开北京,他在《侠隐》里写李天然刚回北平那会,整日在大街小巷晃荡,饿了就找个小馆子,叫上几十个羊肉饺子,吃完后心底安定一些,好像就此能和久别重逢的北平重新认识一下。

大二的那个暑假我去了趟新疆,主要都在南疆待着,南疆草原生态比北疆差很多,但却有全新疆最好的羊肉。这里的羊都叫"运动羊",因为羊群每天要走上十多公里才能吃到新鲜卡美的水草,也正因此肉身健壮、脂肪均匀,用铁签或红柳枝穿好,放在炭火上一烤,肥油混着肉香吱吱往外冒,再撒上当地的孜然和井盐,能吃出多巴胺来。即便是和语言并不相同的当地人坐在一起,吃得都很快乐。

今年初秋的时候在苏州,在街头巷尾看到很多打着藏书羊肉招牌的馆子。藏书羊肉用的是山羊肉,虽然也是放养,但羊膻味要比做涮肉的绵羊重很多。去膻的方法倒是简单粗暴,羊身切成好几大块,旺火沸水煮过,肉先拿去清水中清洗一遍,名曰"出水",锅底的渣滓扔掉。出水后的羊肉再放入原汤里,大、中、文火轮流伺候,待肉烂汤浓后拆骨,也就

没什么膻味了。出锅后的羊肉白烧或者红烧,羊汤随手撒上葱花、盐和辣椒就可,有的店里还会有羊腰、羊脚、羊糕的冷盘。

我们一行三人去了观前街的一家藏书羊肉店,点了个羊肉锅仔,锅子荤素各一半,羊肉羊血加羊肚,白菜粉条油豆腐,也算是领教了一番不膻的山羊肉,吃得好不快活。只是后来和苏州当地的朋友聊起这事,被他奚落了一番,说藏书羊肉主推的应是羊汤,以前不少当地人家里都备有开水瓶,专门用来装羊汤。

倒也无妨,因为在我看来,涮羊肉才是羊肉的终极奥义,一年四季错过什么都没关系,没吃着涮羊肉就亏了。来北京的第一年,有天早晨一觉醒来,发现天格外地光亮,原来是下雪了,中午休息那会就被同事叫出去涮了人生第一顿羊肉锅子,还被老北京科普了《旧都百行》的一句话:"羊肉锅子,为岁寒时最普通之美味,须与羊肉馆食之。"导致现在每次一下雪,脑子里就会循环播放一句话:吃涮肉,吃涮肉……

对涮羊肉的印象倒比吃到时早得多,那时候在看霍达写的《穆斯林的葬礼》,里面有个涮锅子的场景,每次读来都觉得很勾胃口:懒懒地抬

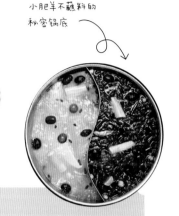

小肥羊不蘸料的
秘密锅底

起筷子，夹起一片薄薄的羊肉，伸到沸水里一涮，两涮，三涮，在最准确的时刻捞出来，放进面前的佐料碗里一蘸，然后送进嘴里，慢慢地咀嚼着。

北京虽说是四季涮肉，但夏天天热，羊不爱吃草料，肉容易紧，等天气凉下来，羊进食得多，羊肉也变得松软有弹性起来。历史上最大规模的"千叟宴"便是在极寒之时，嘉庆元年（1796）正月初四，太上皇乾隆和几千位老者，一起在宁寿宫的皇极殿吃火锅，银锡的锅子，来自内蒙古的羊肉和羊肉叉，众人吃到满面红光，如同穿了皮袄一般。

南城一处月亮门的后面，有家小小的涮肉馆，我和老板的相识也是因为他去过几次内蒙古，经常和我说些内蒙古涮肉的事儿。他第一次去是十年前了，也是个冬天，被朋友请去小肥羊火锅在包头的总店。在那里，羊肉是餐桌上绝对的主角，众人吃完一轮再上一轮，都是上好的乌珠穆沁羊羔肉，自小放养在锡林郭勒草原上，饮天然水吃天然草，一点膻膻味没有，清水锅里涮过后，不用蘸料就可以直接吃。

现在店里的羊肉，用的也是草原上的蒙古羊，老板现在最大的念想是快点到冬天——因为冬天涮肉馆的生意最好。我其实和他想到一块去了，等今年第一场雪的时候，去吃一吃不蘸料的小肥羊。不论是新朋还是旧友，都可以约出来吃一顿，因为遇见羊肉，我们很快就熟了，不再陌生。

小肥羊优选平均6月龄羔羊肉

| 小肥羊涮肉小常识 |

第一步
先品尝小肥羊的锅底，这是由60多种滋补调味品精心配置而成，喝的时候可以加点葱花和香菜末，味道更好。

第二步
接着下羊肉，建议用筷子夹着不要松开，涮10秒后捞起，这样汤底会因为羊肉的脂肪而变得更香。

第三步
最后可以涮些蔬菜和豆制品，经过羊肉汤的洗礼，蔬菜也变得更有滋味。

TIPS（提示）
注意吃小肥羊要记住不要蘸小料哦。

白塔寺涮肉群落

文 / 陈晓卿　摄影 / 林舒　鸣谢餐厅 / 满恒记清真涮羊肉

在京城涮肉界，白塔寺是一个传说，北京城好这口儿的，都喜欢夜色阑珊时分，挤到这个涮羊肉集散地，在涮肉爱好者眼里，这里不是一个简单的地标，他们管这儿叫"白塔寺涮肉群"。

十几年前，北京东、西部的饮食水平差异没现在这么明显，甚至北京西部也有值得骄傲和不可替代的地方——比如涮锅子，首善之区当属西城的太平桥大街，一说涮羊肉，全北京人成千上万人往那儿扎堆儿。我一直认为，火锅或者叫"hot pot"的这东西最适合中国人的胃口，国人少吃冷，凡食物大都讲究"烫着吃"，习惯说："好吃，趁热！"我身边一直不乏类似的典型代表。

朋友杨二是广西桂林人，或许因为出生在北京东城小羊宜宾（小羊尾巴）胡同，冥冥之中注定了他是个涮羊肉爱好者。最初杨二来北京，面对这个普通话说得都打折的人，最好糊弄的就是带他去吃涮羊肉。没想到，头次接触，杨二哥就不可救药地爱上了这口儿。后来，我们一起合作拍片，住到了一个剧组，每次到了饭点儿，问他想吃点什么，回答永远都是不变的"涮羊肉相当不错，我看"。连续几顿吃下来，我基本上崩溃了，嘘嘘都是一股羊肉味儿。

还好，剧组人多——后来大家轮班儿陪他，杨二居然创下了连续五天涮肉十顿的记录！最过分的是一次他在新疆拍片，电话里说，这次彻底把羊肉吃腻了，现在只想吃汉餐。结果回到北京，老哥还是要吃涮羊肉——他认为涮羊肉就是汉餐。确实，我见过的涮羊肉爱好者协会会员基本都是汉人。有位姓赵的姐姐，曾经做过《人物》栏目制片人，北京土著，坚定的涮羊肉主义者。老赵经常出国，每次回来倒时差昏天黑地，后来突然发现涮肉管用——她说现在就算去月球回来都没时差了。老赵家境不错，老公花大价钱买了一张明代的红木方桌，她看来看去，有心在桌中央挖一个圆洞，以便置一个铜锅子。"不然这桌子不就成摆设了？"赵姐姐说。

当年，北京涮羊肉扎堆儿的太平桥大街靠近白塔寺，每回打车过去，杨二都会说同样一句话："这个白塔，我越看它的形象越像个铜火锅呢。"和二哥一样，北京城好这口儿的，都喜欢夜色阑珊时分，拥挤到这个涮羊肉集散地，也叫"白塔寺涮肉群"——在此之前似乎只有"岭南画家群"或者"白洋淀诗歌群"这样神圣的称号。那里据说有将近一百家涮羊肉的馆子，且全部爆满：能仁居、口福居、百叶居、膳食斋……哪怕赶上哪家排队时间短，进去味道都还行。

在白塔寺涮肉群形成之前，北京的大部分涮羊肉还是走低端路线的，粗针大线。也正因为同质化的饭店开多了，竞争严重，白塔寺产品不得不开始变得精致：羊是口外的，肉也开始分部位了，厨子的刀工已经部分让位给专门的机器，羊肉片薄如蝉翼。最重要的小料也各家有各家的特色，口福居的香浓、能仁居的温和、百叶居的爽口……我个人更喜欢膳食斋的小料感觉——可能是因为店面太小，每天打烊之前，老板娘就在店堂最外面一张桌子边，把各种罐子码放在桌上，芝麻酱、酱豆腐、虾油、韭菜花……一点点倒进一只大桶，然后用一根长木棒，在桶里缓缓地搅拌，那种似水流年的感觉，看着特别有食欲。

和杨二待的时间长了，我渐渐对涮肉从接受变成适应，但与口舌之欢相比，我更喜欢的是，在北方寒冷的夜里有这么一片温暖明亮的不眠之处：坐在窗前，看着对面有食客相扶着出来，在灯光里告别，街边趴活儿的出租车司机殷勤地过去开车门……车流如水，远处清冷的妙应寺白塔

此刻也变得安详……这里已然形成一道风景，一个有鲜明北京印记的文化品牌。不过，这是我个人的看法，市政规划部门的领导肯定不是这么想的。几年前，为配合金融街建设，太平桥大街拓宽，那么多涮肉店几乎在一夜之间消失殆尽，白塔寺涮肉也成了过去时态的词语。

拆迁之后，我们去过一阵儿阳坊，那儿的肉确实新鲜，但吃一顿涮肉来回五十公里，这个投入产出比着实有点夸张。后来甘家口那条不知名的小街又有了鼎鼎香，它的羊肋卷非常肥嫩，小烧饼很酥很酥，但价格也越来越高……最重要的是，炭火铜锅子不在了，对于南方人杨二来说，木炭炭火的香味和羊肉的鲜美是同等重要的，而酒精、电磁炉或者煤气，"那都不是人间烟火"。

前几天二哥又来北京，照例又要涮肉。这次我们没去天坛南门，而是直奔白塔寺——百叶居已经搬到了赵登禹路，白塔寺的北边——这里还是炭锅，百叶和手切羊肉还能吃出当年的遗风。一瓶"小二"落肚，杨二哥不禁历数起太平桥大街曾经的胜景，几番唏嘘，说这里的香味几百年不会变，万一将来有人考古，报告上一定会写着"白塔寺涮肉群落"的字样。"那都是文化啊！"杨二激动地说。

看着这个醉态可掬的南方人，我只好笑笑。哪里用得了几百年，搞不好二十年后，北京市政部门就会决定重建涮肉一条街——大栅栏商业街、永定门城楼不都是例证吗？先不分青红皂白拆了，然后觉得不合适，再拿着照片复原——反正咱们制度好，有的是钱。

一碗羊肉里的相濡以沫

文 / 刘树蕙 插画 /Tiugin

一红一白，这是苏州食物的脾气，充满了人间烟火气。

苏州的汤汤水水、一饭一羹里都是爱情。

为什么这么讲？小时候坐在天井下看老人打长牌，一手吃桂花糕，一手看《浮生六记》，不管内馅的豆沙吃糊了嘴，就是羡慕死了沈复和芸娘的爱情。

他们的爱情从一碗白粥开始。芸娘在闺房里私藏了白粥和小菜给沈复吃，被突然来的堂哥撞见了，笑话她："我向你讨粥喝，你说喝完了，没想到是偷偷藏着招待沈复。"幼时的一碗白粥糗事，被他们谈了一辈子。后来他们住在沧浪亭，芸娘欢喜地说，以后自己把房屋建起来，绕着屋子种十亩菜地，种瓜果和蔬菜，布衣菜饭，一生喜乐，相爱之人，不必远游。

后来朋友说，如果想真正了解苏州人，就得看看陆文夫的《美食家》，因为最高级的爱情是烟火气。

新中国成立后，走投无路的朱自治原本一贯不近女色，最后却和"干瘪老阿飞"孔碧霞走到了一起。孔碧霞是什么样的人，十多年的风流，都是在素手做羹汤中度过的，是上等的厨娘，品茶在花间月下，饮酒要凭栏而临流，鳗鱼需要用特殊的方法养一个星期才能红烧。他们成天关在庭院里吃得天昏地暗，朱自治从原来的不修边幅变得注重仪表，每天早上夫妇俩穿着整齐上菜场买菜，一个拎篮，一个挎包，亲亲热热地过日子。

苏州的食物有自己的脾气，充满了这样烟火气的爱情。入了秋，苏州人就想吃羊肉了，大大小小的藏书羊肉店遍布苏州的各个角落，它们通常不大，逼仄，都是老夫老妻经营了几十年的老店。男人每天挑羊宰羊，确保羊肉新鲜，女人负责炖羊，保证口味鲜美。吃腻了松鹤楼、新聚丰的食客就叫个黄包车，去木渎吃藏书羊肉，躲进一家开着灯的羊肉店，喝碗鲜得掉眉毛的羊肉汤，听老板聊着琐事，冷日子就没那么难过了。

　　藏书镇就有一家店，有好吃的羊肉，也有让人羡慕的爱情。85岁的邹寿泉和75岁的顾根妹夫妇在人民桥堍的邹记羊肉店开了二十多年，奶奶说："他做羊糕，我做扎肉，一红一白，我喜欢红，他喜欢白。"二十二年前，奶奶53岁，爷爷63岁，两个失去老伴的人相遇，在所有人的反对下结婚，开了这家店，开到了现在。奶奶性子急，做扎肉，爷爷性子慢，做羊糕。她说："我贪他脾气好，所以和他在一起，走到现在，一直开心一直开心。"看一个女人过得好不好，全写在脸上，有光的笑容抵过千言万语，这话，对于耄耋之年的

老人来说也是对的。

今年中秋到店里去看望两位老人，顺便吃羊，没想到老两口都不在，一起去太湖参加婚宴了，店交给了60多岁的儿子和孙子孙媳妇儿。

"藏书没有羊了。"邹爷爷的儿子这样说。听他说吴语，分不清 zàng 和 cáng，不过普通话里应该读 cáng，因为藏书二字来自朱买臣在砍柴路上把书藏在山中。而且过去的藏书镇真的养羊，苏州西郊是丘陵地带，适合养山羊。

"现在的山羊来自各地，每天去羊厂里挑羊，要跑山的，两岁的，三十七斤左右的。夏天吃的人少，一天一只。这个时候就要两只了，苏州老人家，总有这个观念，羊肉要天冷了才能吃，夏天不能吃的，改不过来的观念，大家都是到了秋天再开张。"

外地人对藏书羊肉有着深深的误解，总认为它是一道菜，北京的朋友去过一次就说："就是给你一个锅，咕嘟咕嘟煮着羊肉和白汤啊。"但其实藏书羊肉主要包含羊肉汤、羊糕和红烧羊肉，还有另外全羊宴的30多个品种。每家做的又都不一样，没有谁家的对，谁家的最正宗。

最好的肉总归是要做扎肉。南方人吃带皮羊，一块块切成三两左右，用新鲜稻草捆绑，炖煮出来散发着一股稻草清香的味道。放入老姜、茴香、辣椒、桂皮的大料，用煤球的文火气，慢慢炖，最后加入冰糖，炖2小时，盛出来，放在碗里，浇上卤汁，撒上香葱。拆开稻草，连着骨头嗦进口里，软烂的肉入口就化，赤红色的汤汁，恰到好处的甜，像极了两个人相濡以沫的温情。

剩下的一部分带骨羊肉，拆下碎肉，加入猪肉皮和羊肉的高汤做羊糕，一夜静置后变得像水晶一样晶莹剔透，蘸醋吃。还记得去年来的时候，看见他俩在拆碎肉，奶奶用刀子剁得当当响，转手就把羊骨塞进爷爷嘴里，这块肉好吃的，爷爷用他仅存的牙齿啃着连骨肉，幸福得不得了。

她讲："我性子急的，做起扎肉就兴奋，老头子咯，耐心好得不得了。"

只要是和羊汤相关的工作都是邹爷爷的，因为羊汤，要慢慢等候。外面的羊汤雪白浓厚，邹爷爷熬的羊汤不是那种唬人的白，他的羊汤一口下去就鲜得让人丢了魂，汤里有羊杂、羊血和羊肉，加了比家常汤要多的盐，勿加勿鲜的咯（不加不鲜的哦），但现在的人总归想吃得清淡一点，不懂那个鲜味了。

喝得身上冒出一层细汗，便沉浸在店里绵软的温情里，儿子辈的邹爷爷架着眼镜，写着字，抽着烟，一边和身边坐着的中年人说些什么；孙子忙里忙外低声不语，与孙子穿着情侣装的孙媳妇儿坐在一边包着羊肉馅饺子，脸上都是笑意；老食客满脸油光地出来结账递烟，拉着我说话聊苏州美食，聊乾隆如何下江南被苏州菜感动；远在太湖的爷爷奶奶呢，坐在礼堂里看着孩子们结婚，诚心希望他们老了也能相互搀扶，一直开心。

离开的时候，邹爷爷讲："他们俩嘛，蛮好的，做什么都一起，今天又一起去太湖吃喜酒了，不知道什么时候回来，多谢你惦记，天凉了，多穿件衣服，早点回去，家里头有人等伐。"我摆摆手说句"再会"，躲进出租车里，寒夜中，也不觉得凉。

一个羊蝎子爱好者的自白

文 / 刀刀　摄影 / 林舒

开门见山，羊蝎子里没有蝎子，只有羊肉。我们有些时候也会在外面看到"羊羯子"这个写法，这是错误的，因为"羯子"是牧民对被阉割过的公羊的称呼，与羊蝎子的本义南辕北辙。

羊蝎子就是羊的脊骨。

一只羊剁完，羊腿羊腩羊排各有用处，剩下一条长长的脊骨，带着零星羊肉，远远看着像蝎子的形状，这就是羊蝎子名字的来源。将脊骨三下五除二剁碎下火锅，这就是如今遍布大江南北的羊蝎子火锅。

我是一个羊蝎子火锅的狂热爱好者。特别是冬天，对于羊蝎子有生理周期式的反应，几乎每隔两周都会去大快朵颐一次。

约上几个朋友，一锅老汤，里面"咕嘟"着满满一锅羊蝎子。羊蝎子一般分为三种肉：带着骨髓的是脖头，羊脖子附近的肉，肉多，过瘾；由两块翼状骨头连在一起的是飞机翅，这是羊主要的一段脊骨，贴骨肉，吃着最香；长长一条的是羊尾尖，羊的尾巴，这段是活肉，吸溜一下就能抿出骨头来。

先吃脖头，解馋；再吃飞机翅，一边跟朋友天南地北地扯淡，一边用两只手将飞机翅掰开，想尽各种办法吃掉每一丝羊肉；最后吃羊尾，肥、嫩、滑，香得天昏地暗。然后就是白菜、冻豆腐和抻面，卷着汤汁入口，额头冒汗，吃饱踏实。

配酒的话，最应景的是二锅头，红星蓝瓶一斤装的最佳。我也试过茅台和苏格兰单麦威士忌，丰俭由人，都没毛病，爽快的氛围一律能让你喝高。

关于羊蝎子火锅的来源，网络上有一段关于蒙古王爷的故事，其真实性有待考察。从逻辑上来看，煮羊脊骨这件事，说不定比我们从猿人进化成人类的时间还要长，所以这段考据暂时按下不表。

据我所知，在北京，羊蝎子火锅在 20 世纪 90 年代到 2000 年左右曾经火过好一阵子，芦月轩、蝎王府分店一家家开；"老诚一"和"城一锅"羊蝎子火锅官司打得不可开交。奥运之后，羊蝎子市场萎缩，如今大浪淘沙，留下的基本都是好店。

北京羊蝎子地图

我最常去的一家羊蝎子店是平安里的满恒记。

这里的立身之本是原料——羊肉全部是从内蒙古拉来的。如今，满恒记当家的满俊还会在每年六七月份去内蒙古苏尼特右旗"看草"。

本质上说，羊肉好，羊蝎子不需要过多烹饪也一定好吃。满恒记的羊蝎子火锅，首推就是白汤，这是拿羊棒骨一小锅一小锅炖出来的，有种现代派的简洁之美。

其实，满恒记最有名的是涮肉，第二有名的是他的性价比（喝酒人均到不了 100），第三有名的是糖饼和肉饼，可能第四有名的才是他家的羊蝎子。

在羊蝎子这件事上，南城往往比北城靠谱，其中的代表是满朋轩和山水间。

这两家店一家在南二环靠近天坛的桃园东里，一家则挨着龙潭公园，相距不远，风格相近。都是人声鼎沸，至少排队二三十分钟，红汤微麻灿烂，蝎大块过瘾，配上京味小炒，能吃出北方的家常与大气。山水间更是将经营版图扩展到了英国伦敦。

这张单子还能往下列很多。比如西便门的羯子李，那里有秘制的白汤羊蝎子；比如分店众多

的老冯，烤羊蝎子让人百吃不厌……也有好几家餐厅因为各种各样的原因关掉了店铺，比如虎坊桥的陆仁餐厅，有焖烂的羊蝎子、小碗牛筋、砂锅烩饼，还有京西的添一顺。

漂洋过海的羊蝎子

我第一次吃羊蝎子的经历其实并不是在北京，而是在英国的利物浦，我在这里度过了自己的大学生涯。

这是一座位于英国西北部的港口城市，以两支著名的队伍闻名于世：英超红军利物浦足球队和披头士乐队。大家不知道的是，这里还诞生全欧洲第一条唐人街，有丰富的中餐传统。

在靠近中国城的励德街（Knight Street），有一家叫食全食美的北京菜馆，供应还算靠谱的羊蝎子和不靠谱的烤鸭，每周四做一次卤煮、炒肝。我经常跟朋友周四过来，一份羊蝎子，一份卤煮，一份铁锅羊肉，这是我们的老三样。

食全食美的羊蝎子，偏辣，偏咸，但是羊肉味十足，甩开膀子吃，热闹得像在北京街头，那"咕嘟咕嘟"的泡沫里映着灯红酒绿的篁街，厚重平实的东四，青春躁动的五道口。

老板平静，瘦长，有点像窦文涛，疯狂热爱英超利物浦队。去年 4 月 15 日，利物浦队在上半场 0:2 落后多特蒙德的情况下连扳 4 球获胜，全城欢庆。我们看完球在食全食美吃饭，老板带着笑容给我们端了 3 杯奶茶，"请你们的"。后面还跟上了 3 根烟，定睛一看，国烟，还是中华，我们拍拍他的肩膀，开玩笑说："老板，这是你们家

最好吃的东西。"

也是在这里，我认识了几个北京哥儿们，他们总是不厌其烦地教导我：卤煮要配腐乳酱；涮肉要配麻酱；吃肉饼得配绿豆粥，喝肉汤太腻；还有，别在羊蝎子汤里涮羊肉片，太不讲究了。

我也问过老板为什么在英国卖羊蝎子。他说英国是个产羊大国，羊肉羊毛羊内脏都各有吃法，羊蝎子价值最低，买来做火锅便宜好吃，也让自己感受到了一点回家的感觉。后来我才知道，现在全国各地的夜宵摊都做的羊蝎子火锅，其实原料大部分来自国外，特别是澳大利亚新西兰这两个国家，将没有价值的羊脊骨冷冻海运到中国，算上运费价格甚至比国内还便宜。

北京这个地方，三面环山，西北是蒙古草原，粗犷而大气，吃手把羊肉、风干牛肉，喝大壶奶茶；往下是平原，向东南敞开，质朴中带着健朗，吃羊肉烩面、驴肉火烧和九转大肠。羊蝎子的气质更多介乎两者之间，浩浩荡荡中又充满人情味。

这座 3000 万人的城市其实有两个形态：第一个形态叫首都，有着全国最多的教授、明星、富豪、政客，气质偏向于精英；第二个形态叫北京，这个群体被统称为老百姓，基本由北漂和北京人组成，气质更多是平实。无数人奋斗其中，忍受着它的寒冷和干燥，庞大和冷漠。

这时候就需要一锅羊蝎子火锅。那种堆满的气势、与朋友分享的喜悦、吸吮啃撮骨头的趣味和冒着热气的温度，仍能给我们面对寒风的勇气。

支个锅子吃羊蝎子

● 满恒记火锅

满恒记的羊尾尖肉质最嫩，用筷子就能脱骨，吃起来特别过瘾。店里的小吃也很有人气，锅子吃到满头薄汗的时候，来上一碗果珍冰霜，快活。

地址：平安里西大街 14 号（赵登禹路口西南）

● 羯子李

羯子李的白汤羊蝎子膻味处理得特好，冬天最爱在碗里加点葱花喝汤，很暖身。他家的羊肉卤豆腐脑早点也格外好吃，而且不贵。

地址：西便门西里 7 号楼 1 楼

● 山水间羊蝎子火锅龙潭湖店

山水间的红汤羊蝎子咸辣恰到好处，空口吃也够味，又不至于掩盖羊肉的本味。凉菜可以选红果冻，天然的酸甜滋味，很能解羊肉的腻。

地址：东城区龙潭路 22 号

红柳羊肉串起的浪漫风尘

文 / 李西　摄影 / 姜妍　鸣谢餐厅 / 巴依老爷新疆美食（工体店）

金风玉露相逢，胜却人间无数。红柳遇见羊肉，同样是烧烤界的天作之合，浪漫风尘里的肉味飘荡，味蕾心尖都飒爽。

出门吃烤串，当路过的人只看到烟时大概会说"咦，那儿在烤羊肉串吧"，烧烤和羊肉串之间的关系密切，可以互相代称。而羊肉串，自然也是分高下。

自成一派的红柳羊肉，当笑战天下肉串。《舌尖上的中国》第二季有一集专门讲食物之间的碰撞，像塞北口蘑和南方竹笋，是跨越千里相见恨晚的摩擦。而当羊肉遇见红柳枝，这两者在气质上高度一致，又在味道上相互成全，则必属天作之合了。

红柳，并没有柳树高。是种灌木（部分疯长的可以称为小乔木），新疆的沙地、盐碱地上常有它们的身影。红柳因为多见，加上生长十分迅速，所以就地取材后去皮削尖，就可以用来串肉了。红柳枝剥皮后加热会分泌出一种植物汁，汁水中的可溶性碳水化合物，则会成为肉类的天然调料，使其别具风味。

羊肉一般取自新疆罗布羊，罗布羊主要养殖在荒漠和半荒漠地带，为了寻找草料需要长时间来回奔走，肉质自然也出落得更加紧实。

我记得第一次在新疆吃红柳羊肉串时惊讶于它们的个头。羊肉饱满，个头似乎有婴儿的粉拳那么大，一串红柳枝约莫也有 36 厘米长，看着特给劲。和从前在南方常吃的那种一口一串的湘西小串有天壤之别。

羊肉和羊排肥瘦相间地串在一起，表面附着孜然和辣椒面。瘦肉爽嫩弹牙，而肥肉，羞愧地说，那滋味让我觉得比瘦肉还略胜一筹。因为肥肉表层已经烤得焦脆，外皮咀嚼有香，不会过分绵软、腻口。但是内里又没完全丧失脂肪柔软的丰腴触感，所以一口咬下去，吮着微微溢出的肉汁时，完全可以用"爽"来形容。

现在想吃红柳肉串，既容易也不容易。容易是因为北京城内确实有许多打着红柳肉串名号的店，滋味也不错，唯一不同的大概就是佐料上多了味京城人民爱的茴香。

相比摊头街边趁手小串的生猛活泼，红柳羊肉的大块头和对串签的要求使它略显笨拙和讲究，似乎缺乏了随性的自然派作风，只能更多地在餐饮店内作为辅食被食客临幸。

长期登堂入室，让人忘了它其实才是最具有"在野"基因的食物。如果说我还对红柳肉串有什么念想的话，便是想再去新疆，去尉犁县，和当地人一起在家门口烧烤。真切感受他们从南疆盐碱地上取下红柳，串起新鲜切块的羊羔肉，架起两排地砖作天然烤架这种绝对的自然派。调味甚至只需撒上细盐，胡杨木炭火熏起果木的芳香，发酵着人们的等待。

小孩们在等待肉熟的过程中欢歌笑语，男人们则在烟雾中微微眯眼沉默相对。等肉真到了嘴边这一刻，大家紧绷的心事才落在脚边，享受吃肉这一刻的自由。

红柳肉串摒弃了铁签的沉重，褪去了铁签的金属冷色，人们握住树枝，拥有了最纯粹的口舌欢愉，顺便邀一把最敞亮的疆野之风。大漠无言，人情开始圆融，人们低耳交换今天的日常，过往的心结，呈现出了一种嗜荤如素的淡然。

由此，才可以说这浪漫风尘里的肉味飘荡，让人味蕾心尖都飒爽。

底料成就生活

文 / 刘树蕙 插画 / 嗷呜

每个城市青年都幻想能每天给自己做顿大餐，不要犹豫了，踏出这一步吧，让我们红尘做伴，把自己喂得白白胖胖。

"晚上吃什么呢？"这是个宇宙难题。

吃速冻饺子？已经吃了三天了，打个嗝都是三鲜味儿。去楼下随便吃点？方圆十里的餐厅都已经被我吃遍了。点外卖？自从看了新闻报道遇见外卖就瑟瑟发抖。那么就像《小森林》里那样为自己好好做顿饭？

可是太忙太累啦！最重要的是，谁能告诉我怎么调水煮肉的辣酱比例，罗宋汤放多少番茄酱，高汤娃娃菜要怎么做，并且在二十分钟内搞定这一切，像模像样地端出来？

大部分人会说熟能生巧，但是今天我就要告诉你一个攻克菜谱的妙方：火锅底料。有了它，那些馆子里的硬菜也不在话下，有了它，就能化腐朽为神奇，瞬间变出靓菜，让你的生活品质上一个 level（阶层）！

上汤娃娃菜

—————— **材料准备** ——————

主料

娃娃菜 200 克，皮蛋 1 个，火腿肠 50 克。

调料

小肥羊混合态火锅底料清汤型 30 克，葱花。

—————— **制作步骤** ——————

1. 将娃娃菜洗净切成条，将火腿肠、鸭蛋、皮蛋切碎成丁；

2. 在锅里加入水，放入小肥羊清汤底料，煮开后下入娃娃菜，煮熟后取出备用；

3. 锅中加入适量水烧开后倒入火腿肠、皮蛋和咸鸭蛋丁，煮熟后倒在刚才的娃娃菜上；

4. 最后撒上葱花就好啦。

口味龙虾

——— 材料准备 ———

主料

小龙虾 1000 克。

调料

小肥羊混合态火锅底料辣汤 100 克,
食用油 20 克, 老姜 5 克, 大蒜 5 克, 桂皮 2 克,
香叶 3 片, 八角 2 个, 整干辣椒 20 克,
食用盐, 紫苏少许, 可根据个人口味调整。

——— 制作步骤 ———

1. 小龙虾处理干净后, 用剪刀将虾背剪开;
2. 起热油锅, 将虾炒至变色, 加入小肥羊辣汤
   火锅底料翻炒至香味完全出来;
3. 放入适量的水, 加入紫苏、干辣椒、姜片、大蒜、
   桂皮、香叶、八角, 食用盐, 开大火煮 8 分钟即可。

罗宋汤

——— 材料准备 ———

主料

牛腩 200 克, 土豆 50 克, 西红柿 30 克,
胡萝卜 30 克。

调料

小肥羊鲜美番茄火锅底料 40 克, 生粉 2 克,
大蒜末少许, 可根据个人口味调整。

——— 制作步骤 ———

1. 牛腩切块, 焯水。盛出后放入高压锅, 加入
   没过牛腩的水, 煲 30 分钟;
2. 锅中加入热油, 炒香蒜末, 依次放入土豆、
   胡萝卜, 炒出香味后放入西红柿, 再加入适量盐,
   翻炒均匀;
3. 将炒好的配菜倒入高压锅中, 加入小肥羊番
   茄底料, 倒入清水, 再次煲煮 20 分钟;
4. 盛出后还可以在明火上慢炖 30 分钟, 可以在
   这时候加入一些生粉再煮一会儿, 增加黏稠感。

水煮牛肉

—————— **材料准备** ——————

主料

牛肉 300 克，豆芽 50 克，莴笋尖 50 克。

调料

小肥羊麻辣火锅底料 20 克，食用油、生粉、鸡蛋清、
食用盐、大蒜末、老姜末、葱花、干辣椒段少许，
可根据个人口味调整。

—————— **制作步骤** ——————

1. 将牛肉洗净，切成四五厘米长、两三厘米宽的薄片；

2. 加入生粉、鸡蛋清和少许盐与牛肉拌匀，腌制 30 分钟；

3. 将干辣椒、花椒在干锅中炒香后盛出，碾碎成末后备用；

4. 将豆芽和莴笋尖焯熟后放入碗底备用；

5. 在锅内加入水，再放入小肥羊麻辣火锅底料，放入生
姜和葱段，煮开后放入腌制好的牛肉片，焯熟后连汤带
肉一起倒入铺了菜的大碗；

6. 在最上层撒上刚才碾碎的花椒干辣椒末，再将大蒜末
放在顶端；

7. 锅洗净，烧热后，倒入少许油，加热至九成熟后，泼
在辣椒面和蒜末上，大功告成！

麻酱豇豆

—————— **材料准备** ——————

主料

豇豆 200 克。

调料

小肥羊火锅蘸料清香型 10 克（重辣爱好者
可以选择小肥羊火锅蘸料香辣型），
白醋、白糖、食用盐少许，
可根据个人口味调整。

—————— **制作步骤** ——————

1. 将豆角洗净后，切长大段；

2. 锅中烧开水，放入少许盐，下入豇豆焯
3 分钟，捞出后过凉水；

3. 将小肥羊清香味火锅蘸料加入醋和少许
糖搅拌均匀；

4. 将少许调好的酱汁淋在沥干水的豇豆上
即可。

叮咚，这里有一家 24 小时火锅店

文 / 刘树蕙　插画 / 柚子沫　图 / 小肥羊视觉大片

我有一些关于火锅的不可实现的梦想：在家里有一个任意门，推开来就是火锅店；让自己成为一代天子，随时随地吃几百个锅子；家里就建一个火锅店并且 24 小时营业……

人生一大幸事：在想吃火锅的时候，吃到它！

即便对我们这样一个重度火锅爱好大国来说，这都不是一件易事。

首先从几百年前的清朝说起，那个时候的火锅已经是当之无愧的皇家御食，让所有爱新觉罗家族的成员都魂牵梦绕，最狂热的时候，他们整整吃了三个月，一直吃到正月十六。

最爱吃的人是乾隆，他有一年吃了两百多顿火锅，那个时候最出名的是十二品野味火锅，就是由八种荤菜和四种素菜做成的，素菜拼盘就是刺老芽、大叶芹、刺五加和鲜豆苗，荤菜不得了，是鹿肉片、狍子脊、山鸡片、野猪肉、野鸭脯、鱿鱼卷、鲜鱼肉、飞龙脯。光是这几样食材就够御膳房忙一个月了，根本不是普通平民百姓能吃得上的，就连袁枚这样的一个集才华和名气于一身的老头子，最

后也因为没吃上千叟宴的火锅难过得不行。

清朝人不能随时随地吃火锅，你以为现代人就已经解锁这个难题了吗？

我的南方朋友就因为这个问题而时常感到惆怅。她在北京生活了两年，最大的困境就是，为什么不能什么时候想吃牛油火锅就吃到它，比如在她失眠的凌晨 4 点，她坐在北四环的家里，有一种十分强烈的冲动就是拥有瞬间移动的魔法，穿门而出，飞跃到楼下的火锅店，吃三盘耗儿鱼。可是她不能，她只能坐在窗台前，看着这个霾气皑皑的城市，无人诉苦。她不晓得有什么办法能瞬间吃到火锅，我告诉她，或许可以在家里备着点火锅底料再备点肥牛卷和蔬菜，随时煮一煮。她表示这也太麻烦了，还要刷锅洗碗。她只想吃现成的。

有同样困惑的还有我的北京朋友，一个羊肉

火锅骨灰级粉丝，她是一个广告公司的设计总监，这就意味着，想下班是妄想。

她在无数个深夜的办公室里，发消息给我："今晚的火锅我去不了了，要加班。"在不知道错过多少个火锅局之后，她绝望了，感觉生活没有盼头，连最低级的口腹之欢都无法满足。她如今的人生理想就是，希望自己能像乾隆一样想吃涮锅子就吃涮锅子，一天能随时随地吃上十几个锅子。可惜，她无法当上女皇帝，无法在任何地点任何时间都让人准备好想吃的肉。她只能继续加班，继续坐在写字楼里，想象着自己画的 icon（图标）冒着火锅的热气。

甚至，我没想到，我的外国朋友也因为无法在任何时间地点吃到火锅而感到悲伤。

他曾经问过我一个深刻的问题，既然人类发明了火锅这样一个集美味、团结于一身的美食方式，为什么不能让它随时随地出现？

我无法解答。他的这个困惑起源于他的一次徒步旅行，当他背着所有装备，到达海坨山顶的时候，一阵凄风苦雨外加冰雹从天而降。他耗费了两个小时搭建完帐篷，饥肠辘辘地躲在里面看着自己带来的薯片和饼干，却没有一点想吃的欲望，此时他只想吃热气腾腾的火锅。这让他诞生了一个创业的想法，去海坨山顶开一家全北京景观一流的火锅店，让每一个徒步爱好者登到山顶吃到火锅，那将是所有人登山的唯一期待，没有人再会因为苦和累半途而废。

可惜没有人来给一个不懂中餐的外国人投资，但我是理解他的，作为一个时常宅在家里只想躺尸的游戏宅女来说，多么希望自己拥有以上所有的假想：在家里有一个任意门，推开来就是火锅店；让自己成为一代天子，随时随地吃几百个锅子；家里就有一个火锅店并且 24 小时营业……

这些所有的假想是属于火锅爱好者最后的狂欢，因为，随时随地吃到火锅的答案其实我们早就拥有了。

在偶然一次坐火车的途中，邻座的阿姨打开一个盒子，倒了半瓶水进去，没过一分钟，盒子就呜呜呜冒着热气，过了十分钟，令整个车厢为之倾倒的香气就飘出来了，她打开盖子的一瞬间，我还看见了一大片一大片羊肉和金灿灿的汤，一份上乘的随时带着走的羊肉火锅啊。

这是个内蒙古的阿姨，她带着骄傲的语气对旁边的熊孩子说，这是小肥羊的方便火锅哩，用的是我们内蒙古草原散养的羊肉！

听到这个标准答案的一瞬间，我安心了，并把这个消息告诉了我的爱火锅同盟们。从今天开始，因为方便火锅，我们的往后余生，便都是火锅。

你是否也有想吃火锅却求而不得的瞬间？在哪个时刻，你最需要一份热气腾腾的火锅陪伴？扫描二维码，把你的火锅故事分享给我们吧！参与有奖哦！

牛肉，性别男

江湖是男人的梦想，江湖里的男人都爱吃牛肉。为什么偏偏是牛呢？全因农耕时代牛是重要劳动力，国家禁止杀牛，吃牛肉犯法，即便自然死亡的牛都要跟国家报备，卖牛肉的只有江湖黑店。不过也正是这样，吃牛肉＝造反，敢吃牛肉的都是真汉子！

文／王琳　图／视觉中国

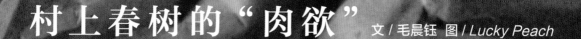

村上春树的"肉欲" 文／毛晨钰 图／*Lucky Peach*

牛排是村上春树盘子里的白月光。

他向来不大喜欢肉，平时大多只吃些鱼和蔬菜，但每两个月便有一回失控：脑海里忽地冒出牛排的图像，死活挥之不去。我猜想大概牛排这东西已作为肉之符号或某种纯粹概念输入了他的大脑，而当体内肉类营养成分不足之时便自动发出信号："缺肉咧！咕、咕……"

每当这个时候，一切花里胡哨的配菜都不过是隔靴搔痒。要想真正一解欲望的痒，只有吃极其单纯的牛排。

什么是高纯度的牛排？村上春树把规矩定得很明白："把正是时候的上等牛肉三两下麻利地煎好，调味稍稍用一点儿盐末和胡椒——此外别无他求。"

我在东京的时候，曾专门走了一遭"村上地图"。作家在千驮谷某个转角的二楼开过一家名叫"JAMAiCA UDON"的小酒馆。酒馆不在了，却在地下一层误打误撞走进一家名叫"CHACO あめみや"的炭烧牛排店。

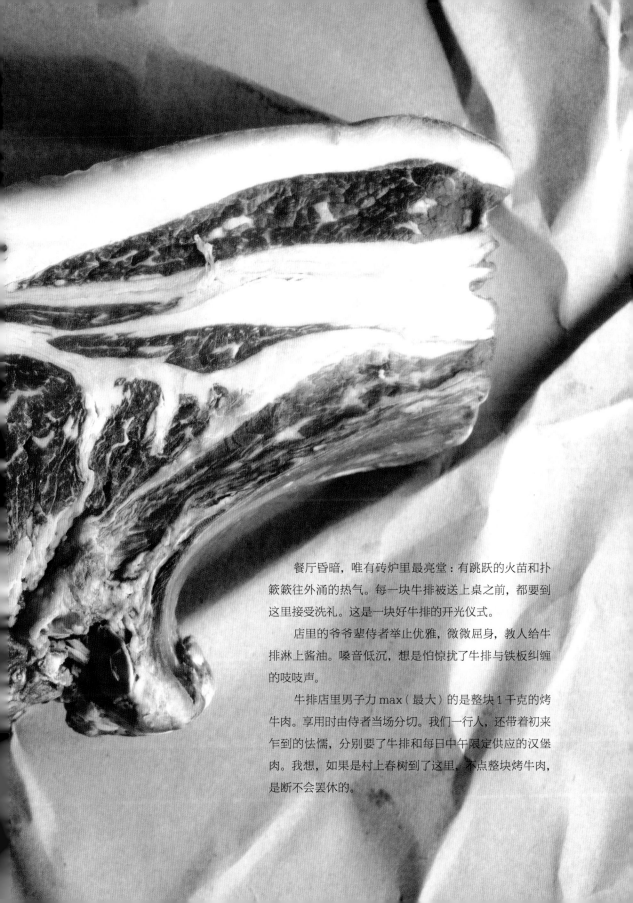

餐厅昏暗，唯有砖炉里最亮堂：有跳跃的火苗和扑簌簌往外涌的热气。每一块牛排被送上桌之前，都要到这里接受洗礼。这是一块好牛排的开光仪式。

店里的爷爷辈侍者举止优雅，微微屈身，教人给牛排淋上酱油。嗓音低沉，想是怕惊扰了牛排与铁板纠缠的吱吱声。

牛排店里男子力 max（最大）的是整块 1 千克的烤牛肉。享用时由侍者当场分切。我们一行人，还带着初来乍到的怯懦，分别要了牛排和每日中午限定供应的汉堡肉。我想，如果是村上春树到了这里，不点整块烤牛肉，是断不会罢休的。

食材提供 / 米歇尔肉店（辛福村店）

屯儿里的多国籍肉店

文 / 王琳　摄影 / 李佳鸢

第一次走进米歇尔肉店的时候，我立刻就想到 NHK（日本广播协会）纪录片，《纪实 72 小时》里的《多国籍的肉店》。这里，就是北京的多国籍肉店。

身在三里屯的幸福村中路，会让你有一种身在法国的错觉。

打头阵的是飘着黄油香气的老牌面包房"法派"，橱窗里摆放着满满的可颂、法棍；紧接着是气质堪比蓬皮杜艺术中心，有扎眼红白橱窗，闪着霓虹灯牌的"大炮汉堡"；继续走是红砖风格的"面包会有的"，这里总有牵着自家大狗在门前晒太阳等位置的外国友人；而第四家，马赛克外观的店面，就是我们的主角——米歇尔肉店。

米歇尔肉店是幸福村中路最早的"法国元素"。2006 年开业，现在已经走过 13 个年头，而创立的缘由，竟然是因为乡愁。

十几年前，法国青年米歇尔来京生活，北京的一切让这个精致的法国男孩无所适从，这里找不到一站采买法国食材的超市，这里的牛肉没有法国肉店的分割方法，连做饭都无从下手。抱着不如自己开一家的心态，米歇尔肉店就这样在幸福村中路扎根。

这里最大程度还原了巴黎街头的肉店，没有分割斩肉的血腥场面，取而代之的是干干净净的柜台，法餐必备的牛、羊、鸡肉、猪肉切分后被整整齐齐地码在盘子里，连同灌好的一节节法式香肠，摆进几米长的弧形玻璃冰柜里。选好了肉，店员还会帮你用一张白色的油纸包好。

店面另一角的冰柜里摆放着大小不一的法式奶酪、火腿等熟食，底下垫着的红白格子餐布，格外有法兰西气质。还有整面墙的红酒，零散的调味料，法餐肉食的一切材料都可以在这里找到。

甚至，米歇尔还特意找来了法国肉店的灵魂——一位法国屠夫，这位法国屠夫在中国待了两年，按照法国的标准教中国屠夫肢解牛肉、切分牛肉，直至完全教会，才放心回到法国。

在牛肉和牛排的分类上，法国人有着堪比"庖丁解牛"的细致。法国人与牛肉的较劲从排酸开始。中国的国家卫生标准是排酸24小时，法国标准是排酸足足排21天，而且在分割方式上，法式牛肉分割法是将整头牛分割成34个可食用部位，可以煎、烤、烹、炸、炖，每块法国牛肉都会按照对应的烹饪方式进行分割。

在米歇尔肉店，你会看到薄薄的牛肉片，因为比牛排薄，煎得比较快，最适合匆忙回家准备晚饭的上班族；呈捆绑造型的牛里脊，麻绳扎的间隔，恰好是切分的比例，跟牛里脊绑在一起的白色部分是猪的肥肉，因为牛的

肥肉不能片成片，用猪油较香，煎的时候猪油会渗到牛肉里，滋润纯瘦的牛里脊；牛头刀是后背上脑的后半部分，挨尾巴，一般用来烤着吃……每块肉，店员都会如数家珍地告诉你合适的烹饪方法。

凭借着身在使馆区的优势，每天不同肤色不同国籍的人都会在店里选肉买肉，按照自己国家的口味来烹调，也会有老客人兴冲冲地拿着自己做完的食物照片来跟店员交流，探讨一块肉有多少种好吃的可能性。

13年过去了，当初思乡的法国青年已经回到家乡，而他留在中国的米歇尔肉店却从最初只在法国人圈子里流传，到现在被更多人接受，凭借着法式分割法，在三里屯闯出了一片天地。

炙子烤肉，
北京男人的乌托邦

文 / 刘树蕙 摄影 / 陈超

在北京这片土地上，炙子烤肉是北京男人的乌托邦，他们徜徉在这片肉山肉海里大汗淋漓，乐此不疲。

在北京，炙子烤肉是男人最后的乌托邦。他们的伤心，他们的快乐，都献给了胡同里的炙子烤肉。

刚来北京的第一年，就有人对我说，一个女孩子家家别一个人去炙子烤肉店。因为一脚踏进这里，你就会陷入一个困顿的、闻所未闻的、雄性荷尔蒙爆棚的异域世界。在烟熏火燎间，每个男人坦然地赤膊上阵，这里是只属于男人的盛会，而烤肉店的老板便是这场酒肉盛会的见证者：

"我家的客人都是穿着衬衫进来光着膀子出去，前两天，有位爷吃得好好的，突然站起来唱起了歌。我本来想上去阻止，毕竟这是公共场合嘛，会影响别人啊，没想到，他一唱完，在场所有人都鼓起掌，大家都特高兴！之后他更高兴了，按桌献唱，挨个敬酒……"

这里有北京爷们儿最放松的真实。喝着喝着，顺着炙子上的烟，假装被迷了眼睛，淌两滴泪，也不丢人。更多的痛，被融化在烈酒和蛋白质里，忘掉那些糟心的日常吧，喝完这杯"牛二"，明天醒了又是一条好汉。

话说在很久很久以前，炙子烤肉非男人吃不可。这话当然不会刻在门脸上，因为最早，炙子烤肉只能站在路边吃，并且要宽衣解带！这才标准，这被称为"武吃"。这不是哪个烤肉协会规定的，如果去到今天南礼士路 58 号有着三百多年历史的烤肉宛，他们会这么跟你说。

1686 年，一个推着小小独轮车的宛老板出现了，他一开始在西四的南绒线胡同西口卖牛颈肉，生意做久了，又支起个烤肉的炙子给路过的人现烤现吃，掌柜的人活分，货又实在好吃，生意越来越好。于是，第一代自助烧烤就此诞生。

北京的八旗子弟、王公大臣都好这口，路上遇见了，哪拒绝得了这香气，不来一盘吃了再走，成何体统？那些面子啊，里子啊，身份啊都顾不上了，和搭着凉巾的黄包车大爷赤膊站在一块儿，"吱溜一口酒，吧唧一口肉"，别提多带劲儿。这烤肉吃的就是这个真实，这个地气，这个包容，这个横。

就算后来为了帮女人和文人解馋兴起了"文吃"，北京爷们儿也依然是"武吃"的忠实拥趸，在炙子烤肉身上，他们感受到了前所未有的自由。这自由不仅来源于吃得潇洒，还来源于吃得讲究。

因为讲究，是北京男人的行为逻辑。他们可以为了瓶醋包顿饺子，也会为今天有了好柴好炙子，吃顿烤肉。譬如说梁实秋，他在青岛受够了与炙子烤肉的离别之苦，专门派人从北平定制了一具炙子过来，又让孩子去后山拾了松塔回来敷在炭上，准备好几个回合之后大宴宾客，有哥们儿和炙子在，才配得上吃顿好羊肉。

最初的炙子有一米长，为了方便运输，把原来的铁块分成了一根根铁条，然后用铁圈箍起来，这样的好处是，油脂可以从缝隙中滴落在果木松塔上，烧起来松香浓郁，让肉吸附果木香。北京爷们儿乐于追求这烟气，他们还告诉我"如何鉴别一个男人是否混炙子乌托邦的常客"，就得看他进门时要不要说一句："给我挑个老炙子！"

炙子也需要养，这和老紫砂壶一样，老板会隔段时间就给炙子上层油晾着，老了、吸油、不沾、更香。当喊出这句话时，烤肉店的所有男人都

会转头看着你，视你为知己，欢迎来到炙子烤肉欢乐园。

吃肉也有讲究，烤肉宛会选西口产四岁半的公牛，羊是西黑头、团尾的西口绵羊，只要上脑、里脊等最鲜嫩的部位。剔除筋膜碎骨后，再用特制尺许长的大钢刀，以"一刀三颤"的技法，把肉"拉切"成形似柳叶、薄而不散、大小匀称、肥瘦相宜的肉片，一斤肉大概能切出一百五十片左右。切出来的肉薄而透亮，嫩得赛豆腐。

这着实让男人们感动，因为到 80 岁，他们还嚼得动烤肉，在这里汇聚一堂。就听着"吱啦"一声，肉接触铁板，羊油溅起蹦得老高，半分钟后闻见让人无法克制的肉香，一分钟后香菜和葱白如锦上添花，肉变了色卷曲起肉身，就可以吃了。先吃口纯肉是对它的敬礼，然后蘸辣椒油或者撒上孜然辣椒面，再吃口糖蒜和黄瓜条，怎么吃都行，没那么多硬性规定。

现在的南宛北季不复从前市井模样，多以"文吃"为主，北京的各位爷对此表示不齿，在他们眼里，吃炙子烤肉怎么能不自己烤？就拿胡同口第一家刘记来说，外面已经人山人海，一走进去，爷们儿气爆棚，老板又是无奈又是自豪："来我家吃饭小声说话真没人听得见，不是说他们多粗鲁，就是被这气氛带的。还有一次有 15 个人来吃，他们非得坐一桌不分开，椅子换成等位的圆板凳都坐不下，最后只能站着吃，倒真成了武吃了……"

对北京爷们儿来说，炙子烤肉是他们心里一座不可侵犯的小岛。在这个岛上，可以肆意妄为，可以不顾形象，他们，是自己的王。

爱恨牛舌

文、摄影 / 范琛

牛舌料理简直是洛丽塔一般的存在，胆固醇高得罪恶，但对懂行的老饕来说，是生命之光，欲望之火。

  提起牛舌这种食材，爱者有之，恨者有之。不喜者觉得吃这道菜像是在和牲畜接吻，让人心生畏怯，而牛舌爱好者则钟爱于这一食材的独特口感，它既可以炖得软烂，又能够烤得柔韧，薄切品出风味，厚切吃得爽快，这一独特性在肉类中可谓是无出其右。

  牛舌料理不只一国独有。法国人很爱吃红酒炖牛舌，将牛舌用红酒和其他香料一起炖煮至软烂入味，吃起来的愉悦程度不亚于和心上人法式接吻。国内也有不少省份爱用牛舌下菜。比如什么都吃的广东人，自然不会放过牛舌，老广们习惯将牛舌称为牛脷，风味独特、适合下酒的卤牛脷就深受老广们喜爱。我常去的一家广州粤菜馆海宴楼，烧牛舌是一绝。而四川人则是将牛舌和牛的其他边角料一起凉拌成菜，开发出了夫妻肺片

这道名小吃，显示出劳动人民变废为宝的创造力。

  得益于近年来日式烤肉店的流行，一提到牛舌，许多人的第一反应大概就是日式烤牛舌。日式烤牛舌源于日本东北地区宫城县的仙台。据说，在"二战"结束后，大量美军进驻仙台，在消耗了大量牛肉作为食物的同时，却将牛舌、牛尾等部位弃之不用。

  当地一家名为"太助"的烧鸟店店主佐野启四郎曾于 20 世纪 30 年代在东京学习法餐，并从法国厨师那里了解到牛舌的美味之处，由此想出了将牛舌薄切烧烤的料理方式。1948 年，佐野启四郎在仙台经营的店铺开始推出烤牛舌料理，这就是日式烤牛舌的起源。

  有趣的是，佐野的店铺在开业很长一段时间后，在当地并没有多少人气。直到日本进入经济高

仙台常见牛舌料理

·牛舌刺身：薄切，选用的是最靠近舌根、最软嫩的部位。

·烤牛舌：厚切，选用的是脂肪含量多的中段，分为盐烤、味增两种做法。
　　　　　也会以定食的形式出现，标配是麦饭和牛尾清汤。

·牛舌咖喱：经常用质地较硬的牛舌尖来炖煮。

速增长期，从其他城市往来仙台的上班族、东京企业派驻仙台的管理层人员增多后，开始有大众媒体介绍牛舌料理，牛舌才在日本全国逐渐受欢迎起来，从而也渐渐受到仙台本地人的欢迎。

牛舌料理在仙台发展至今，已经成为游客来当地必尝的特色菜之一。2017年《米其林指南宫城2017特别版》发布，作为庶民料理的代表，仙台的一家牛舌料理店——牛たん料理阁，入选了必比登指南。这让这家原本就是当地人气餐厅的小店变得更加热门。如果你要尝试且只能尝试一家牛舌料理店，这家餐厅便是不二之选。

> 牛舌中最为肥美的部位是靠近喉咙的舌根，这部分的脂肪含量较多，口感也更为柔软……外层炙烤过后，内部还保持着鲜嫩的粉色状态……

牛たん料理阁的菜单上，可以选择的牛舌菜式并不多，如果你像我一样，是个肉食爱好者，一次尝试完这里所有的牛舌料理也是可行的。一整条牛舌虽然看起来又厚又长，但可食用的部分并不多，厨师需要先去除表面的黏膜和坚硬的角质，剩下柔软的部分才适合食用。经过厨师处理过后的牛舌，也如同高级和牛肉一般，变得既柔软又细腻了。

首先是作为前菜的煮牛舌，牛舌被炖煮得软烂入味，连内部的筋咀嚼起来也毫无阻碍。再配上一些黄芥末酱开胃，如果是好友聚会，这时候已经可以开始碰杯了吧。

当然，烤牛舌自然是店里最受欢迎的招牌菜。在一般的日式烧烤店，牛舌大多采用薄切。这是由于牛舌切薄之后，会显得更韧，即使品质一般的牛舌吃起来口感也不差。

而好的牛舌专门店会采用厚切的方式，这对牛舌品质和部位要求也更高。猛火烧烤之后，牛舌会更有外焦里嫩的口感，吃起来也更有"大口喝酒，大块吃肉"的豪迈爽快感。这家店的牛舌厚薄程度适中，牛舌被烤得外表焦香扑鼻，吃起来爽脆而带有韧劲。

别急，招牌菜过后，还没有结束。这家店更吸引人的是表面微微炙烤过的半生牛舌。如果你喜欢三成熟牛排或是半烤鲣鱼之类略带野性的食物，大概也会像我一样爱上这一道菜。牛舌中最为肥美的部位是靠近喉咙的舌根，这部分的脂肪含量较多，口感也更为柔软。

这道半生牛舌采用油脂最丰厚的部位，外层炙烤过后，内部还保持着鲜嫩的粉色状态，略微夹生。厨师将牛舌切得很薄，吃起来外部焦香之余，内层口感也十分嫩滑。夹一片薄牛舌，裹着葱段，再加点柠檬汁，就是最让人满足的肉欲享受了。

其实，店里还有更生猛的牛舌刺身，只是我去的那天刚好没货。如果你是真正的牛舌爱好者，应该不会拒绝这样的诱惑吧？

牛丸潘安

文 / 杨不欢　摄影 / 高忆青　鸣谢餐厅 / 汕头八合里海记牛肉店（国贸店）

牛肉丸这种多由男性操办的传统食物，似乎一直轻轻捶打着潮汕人的性别意识：谁说女人就该包办厨房与家务？给我打牛肉丸去！

对我这种肉类原旨主义者来说，所有"肉制品"都远远不如真正的肉，甚至不配称为肉，例如各种肠类、午餐肉和丸子——牛肉丸除外。

我至今还记得，好些年前第一次从家乡带去牛肉丸，煮给学校的室友品尝时的场景，那时潮汕牛肉火锅还没有像现在这样红遍大江南北，我的室友们也是第一次吃牛肉丸这种东西。其中北京室友先从锅里捞了一个，她咬了一口，然后很快一脸惊恐地把牛肉丸吐出来，问我说，这牛肉丸是不是没煮熟。我疑惑地捞了一颗试了试，对她说，不会呀，这煮得刚刚好呀。她的眼中依然写满了大大的怀疑，认为这食物有点儿不对。后来我才明白为什么。在她的认知中，肉制品食物应当是软的，像火腿肠、午餐肉，以及大多数我们丢进火锅的制成品那样，煮熟之后会变得更软；而牛肉丸一口下去过于筋道，那种弹力让她怀疑

这个食物是不是没煮好，或者本身新鲜度就有问题。后来不管我怎么解释，她也不敢再尝上一口。那包牛肉丸被另外两个室友一扫而空。

我的牛肉丸有错，错在太有弹性了。而这种弹性来自于千锤百炼。牛肉丸最早为世人所熟悉还是因为周星驰的《食神》，汤汁一喷不可收拾、治好了厌食症患者的牛丸，背后是莫文蔚用她惊人的腕力，把每块牛肉用铁棒平均捶打了26800多下。

而在印象中，莫文蔚是我见过的唯一一个做牛肉丸的女性——由于捶打牛肉丸需要很大的力气，我记忆中做牛肉丸的都是男人。

牛肉丸的制作，乃至牛肉厨房，一向给我一种野性的感觉。本地有名的牛肉火锅店，在高速路口脚下接近乡郊的地方，顾客驱车赶来，停车的空地旁边就是养牛场。隔着用铁皮遮住的缝隙

向里面张望，能闻到一股牛粪味。离开空地走进一个搭起来的大棚，里面热闹地摆着几十个圆桌；大棚前的玻璃窗隔出一块透明的灶台，里面的师傅十个有九个光着膀子。刚杀下来的牛肉是深红色，带着点白肥，堆在案板上，肉眼可见地不停跳动着——就是新鲜到这种程度。城内那家以做牛丸出名的老店，门口放一排台子，每张台子前有一位师傅在打牛肉丸。啪啪啪啪，节奏均衡，冬天时还穿着厨师服，夏天干脆就让一批大汉赤膊上阵，肌肉最发达的坐在最中间，振臂举棒如同敲响战鼓，偶尔溅起一两颗红色的牛肉末，飞到他们身上。这是秀给谁看！一吸鼻子，全是生牛肉的血腥味道。

潮汕地区民风保守，重男轻女的风俗不时为外人所诟病。而牛肉丸这种多由男性操办的传统食物，似乎一直轻轻捶打着本地人的性别意识：谁说女人就该包办厨房与家务？给我打牛肉丸去！

事实上在工业化时代，大多数牛肉丸的制作早就演变成高效也有质量的半人半机打，店铺门口的手打牛肉丸真人秀，通常只是表演。古代的食肆就有豆腐西施、当垆沽酒一类故事，美人巧笑倩兮招徕顾客，而如今男女平等时代，倘若有几个"牛丸潘安"，让客人在齿颊留香之余赏心悦目，也没有什么不对。

然而在野性之外，潮汕的牛肉丸制作又留有一丝精致和讲究。之前网上流传一张潮汕牛肉火锅的解析图，把一头牛的模型分割成几十个部分，每一个部分有不同的名字，切出来的牛肉味道、口感都不一样，其精细考究令人咋舌。而牛肉丸本身已经是火锅台上一道不落人后的单品，当中又可再分类。为人熟知的是肉丸和筋丸，肉丸是最原汁原味的，一口下去口感均匀，肉汁迸发；筋丸则是在牛肉中加了一些嫩筋，吃起来更有嚼劲，而且牛肉味更浓。另外还有生丸和熟丸的分类法：熟丸是我们平日常见的，棕灰色的大丸子，丢到锅里，烫热了就能吃；而生丸则顾名思义，是刚打好的粉色的、软软的肉丸子，直接丢进冷水锅里开始煮，看着它逐渐变色翻腾，直到浮上水面。这两者的味道又千差万别，前者更筋道，后者更脆更嫩。至于口味就更是百花齐放了：汕头那么多牛肉丸的品牌，各家的调料、打法，甚至大小都不一样，煮出来的味道也是各不相同，若要说谁家的最好吃，恐怕只有一家家试过去挑出自己最心仪的了。

毕业以来各自漂泊，旧友联系的机会也很少，不知道后来在潮汕牛肉火锅红遍大江南北的热潮中，我的室友有没有重新认识牛肉丸这种食物。而我依然背着那包牛肉丸前行。熟食装在透明的压缩真空袋里，越过万水千山，和我一起回到那个小小的租住处，打开门第一件事是先把它放到冰箱的冷冻格里。懒得下楼的时候，夜深肚饿的时候，用白水煮几颗。开锅了，白汽蒸腾，拿起一根筷子，顶住其中最大一个，使一点阴力，将它戳过去，串在筷子上。送到嘴边，烫；小心翼翼地用牙一点点咬开，香气扑鼻，仿佛撕开了什么香袋。咬开之后吹两下，很快就能入口了，一大块下去牛汁四射，倔强的牛脾气还在你的口腔中一点点反弹。筋道、刚猛、倔强，潮汕牛丸的性格，漂泊在外的潮汕人才会懂。

潮汕牛肉火锅
接头暗语

文 / 王琳　摄影 / 高忆青

牛肉丸的最佳食用场景是在潮汕牛肉火锅里，

没吃过潮汕牛肉火锅，

你就不知道牛肉的分类还能这么细致讲究。

潮汕人对牛肉的新鲜度有着极高的要求，

牛肉要现宰现切，

刀功也是考验一家牛肉火锅好吃与否的关键要素。

在潮汕，

关于牛肉的部位还有一套专门的语言系统。

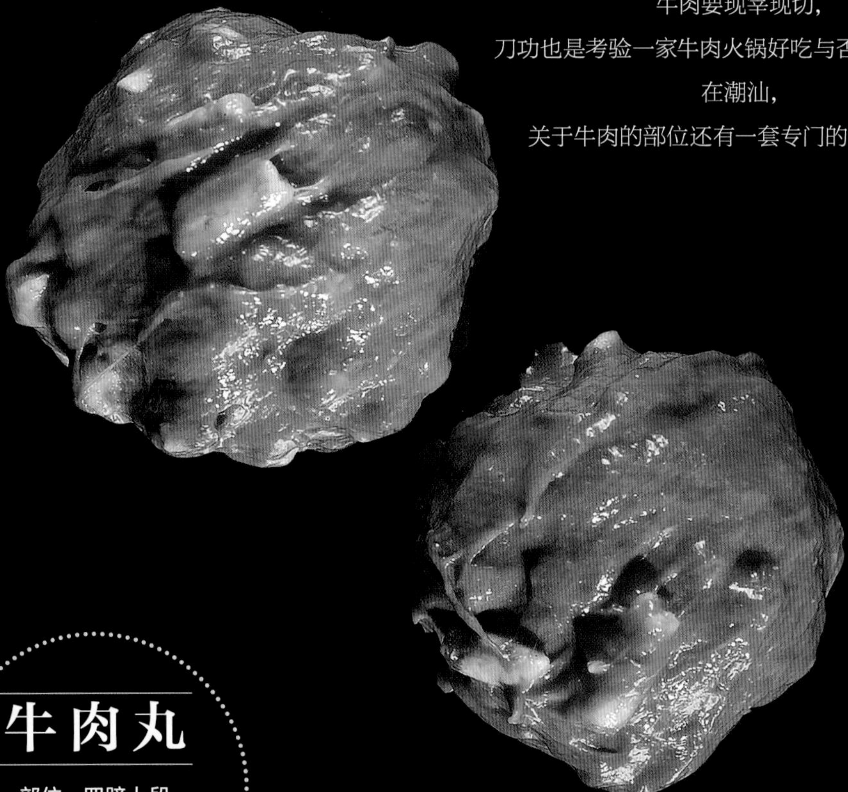

牛肉丸

部位：四蹄上段

口感：柔脆弹牙

料理时间：10 分钟

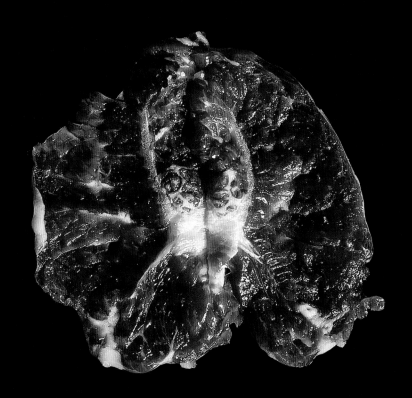

三花趾

部位：前腿上部
口感：纹理分明，肉质酥脆
料理时间：6~10 秒

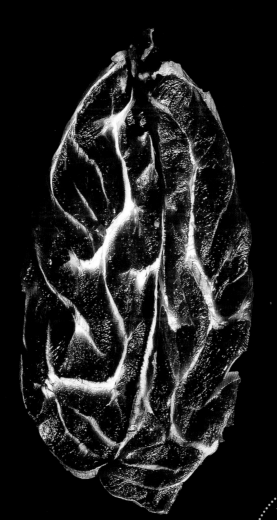

五花趾

部位：后腿上部
口感：肉里包筋，口感脆弹
料理时间：6~10 秒

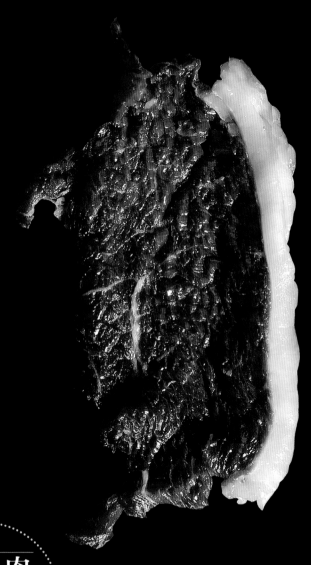

双层肉

部位：腹部夹层

口感：肉质松软，口感圆润

料理时间：8~12 秒

匙柄

部位：肩胛里脊肉层

口感：口味鲜甜，嚼劲适中

料理时间：8~12 秒

吊龙

部位：脊背

口感：丰满湿润，滋味鲜甘

料理时间：8~12 秒

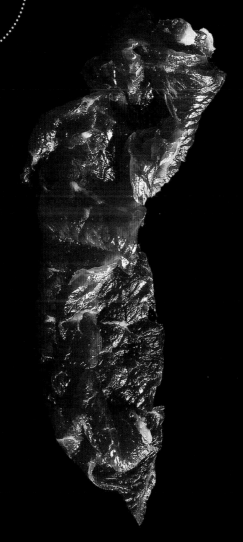

嫩肉

部位：臀腿

口感：细嫩可口

料理时间：8~10 秒

为了炖牛尾去私奔

文 / 蒋小娟　摄影 / 陈超　插画 /Tiugin

海明威说龙达是最适合私奔的地方，但以他对肉食的热爱，大师这么说恐怕是因为惦记那道炖牛尾吧。

西班牙真是一个花里胡哨的国家，地中海的艳阳照得人睁不开眼，满城橘子树兴高采烈地挂满果实，还有浓烈好看的男男女女。吃的也花哨：海鲜饭端上来，热气腾腾一大锅的人间烟火；下午 4 点，大家都停下来喝热巧克力；就连喝杯红酒，也非要混进橙子、苹果、桃子，做成 Sangri（一种西班牙水果酒）。一个国家的食物，多多少少都带有这个国家的气质。日本寿司清冷，印度咖喱艳丽，德国肘子朴实厚重，而西班牙菜像极了这个国度的热烈任性、漫不经心。

著名作家海明威一生都极其热爱西班牙，喜欢在这儿吃烤乳猪，喝大酒，追姑娘。"二战"时他参加了马德里保卫战，顺带着追到了第三任太太。当然也有人说，海明威在马德里追到了第三任太太，顺带着参加了保卫战……总之，大师抱

得美人归，同时钦点西班牙为最适合私奔的国度，并给出了详细的私奔指南："如果你想要去西班牙度蜜月或跟人私奔的话，龙达是最合适的地方，整个小镇目之所及都是浪漫的风景……如果在龙达度蜜月或私奔都没有成功的话，那最好去巴黎，分道扬镳、另觅新欢好了。"

海明威笔下的龙达小镇坐落在裂谷峭壁之上，开车沿着窄小石子路，循"360 度托马斯全旋"般风骚的路线行驶方能进入老城。纯白的小镇看起来天真无害，但不要被蒙蔽了，它可是西班牙斗牛传统的发源地。至今这里还保有西班牙最古老的斗牛场，演出季一票难求。

斗牛这件事儿，太西班牙了，除了它没有哪个国家能诞生这个暴烈与优雅并存的竞技游戏。西班牙人的解释居然是，发明斗牛是因为我们有伊

比利亚公牛啊！没错，为了争夺富庶的伊比利亚半岛，北非摩尔人与西班牙本土人来来回回打了8个世纪。穷兵黩武的时代，骑士们在狩猎中发现了伊比利亚野生公牛。他们吃惊地发现这种牛被猎杀时很少逃生，而是选择战斗，并且永不退缩，至死方休。这十足的"牛脾气"，称得上高贵勇敢了。

既然成了西班牙传统，斗牛就催生了一条产业链——有专门的养牛场为斗牛表演提供足够的牛。这些伊比利亚牛散养在草场林间，受到最好的照料。但并不是所有的牛都能成为斗牛，要经过严格的选拔，最健壮勇猛的牛才能送去斗牛场。送去的牛99%无法生还，倘幸斗赢斗牛士的可以获得赦免，算是从修罗场里逃生。被斗牛士

> 这道炖牛尾的调味中有源于地中海的月桂和阿拉伯人带来的番红花，它们缺一不可。

刺死的，之后会被送去屠宰场，卖给肉铺。残忍吧……但也正是这些牛成就了异常美味的一道料理：炖牛尾。

做炖牛尾的材料很简单：新鲜牛尾、红酒、各式蔬菜，蔬菜无固定品种，全看厨师心情。炖牛尾刚出锅时肉汁饱满，嚼起来完全不费劲，比牛肉更加鲜嫩。中国江浙一带流行吃"划水"，也就是鱼尾巴。鱼在水中全靠尾巴使力游动，所以中国人说这是一块"活肉"，是鱼身上最好吃的部位。相比牛排的厚实感，"活"也是对一道炖牛尾

的最佳褒奖。吃光牛尾，用面包擦一遍盘中的汤汁，方不辜负那头壮烈牺牲的牛。

西班牙守着伊比利亚半岛，地理位置实在让人羡慕嫉妒恨。大西洋与地中海一左一右，越过比利牛斯山脉就是欧洲大陆，穿过直布罗陀海峡就是北非，所以西班牙人的餐桌格外丰富、混搭。而且不同的大区（比省更高一级的大行政区）有自己的饮食传统，当地人深以为荣。像巴塞罗那领衔的加泰罗尼亚就振振有词：海鲜饭是加泰罗尼亚的，不存在西班牙海鲜饭！瓦伦西亚则甩出兔肉烩饭，表示海鲜饭有什么了不起的？！塞利维亚说来了我这儿，得吃烤乳猪择盘子；不远处的托雷多不屑，坚持烤羊腿才是王道。吵吵闹闹，一盘散沙，恐怕也只有伊比利亚火腿能团结所有地区，一统西班牙四分五裂的美食版图。

而龙达所在的安达卢西亚大区，历史上伊斯兰教与基督教斗争了几百年。摩尔人打过来，在这儿建起了皇宫与清真寺；马德里的伊莎贝拉女王再举兵光复，拆了清真寺，建教堂。阿拉伯的统治最终被消除，但是日常三餐里的阿拉伯印记却保留到了今天，比如：这道炖牛尾的调味中有源于地中海的月桂和阿拉伯人带来的番红花，它们缺一不可。

延绵百年的宗教战争，在一道菜里终于握手言和。要不说，爱吃的人都热爱和平。

还有，那些听信海明威忽悠来龙达私奔的人，一定会被这道炖牛尾蒙住心窍，哪里还顾得上谈情说爱，只想在满口牛脂中浑然忘我地吃成一个胖子。

红酒炖牛尾

主料：牛尾 1.5 千克

辅料：胡萝卜 2 根、番茄 1 个、洋葱 1 个、大葱 1 个、大蒜 3 个

调料：面粉、橄榄油、盐适量、红酒 200 毫升、高汤 200 毫升、黑胡椒、香料（迷迭香、鼠尾草、牛至、罗勒、月桂叶、番红花，任选一种或者多种）

步骤：

1. 将牛尾和蔬菜切段，牛尾用少许盐、黑胡椒腌制片刻

2. 将牛尾均匀裹上面粉，下油锅煎至金黄后捞出

3. 用煎牛尾的油翻炒洋葱、胡萝卜、番茄、大葱、大蒜

4. 将煎好的牛尾放入炖锅中，加入炒过的蔬菜、香料，加入红酒、高汤，直至没过牛尾，小火炖煮，把肉炖烂

5. 将肉取出，装盘，用搅拌器把蔬菜搅成泥状，浇在牛尾上

牛肉，童年零食之巅

文 / 王琳 摄影 / 阿树

小时候，牛肉零食一般不会轻易现身，只出现在某几个特定时刻，如学校春游、秋游、运动会，只有在拿到高额零食基金的时候才能狠心将它装进购物车。在其他小朋友吃着真·素食香菇牛肉的时候，撕开一包牛肉干，立马会收获一堆饿狼般的目光：拥有了牛肉零食，你就是班里的"花轮同学"。

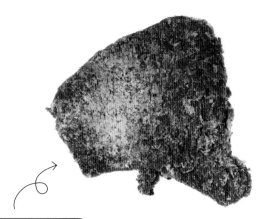

沙爹（嗲）牛肉片

沙爹为什么叫沙爹，幼小的我困惑了好久，后来终于知道沙爹是指马来西亚的烧肉串。它的灵魂是蘸一层花生酱、椰酱、幼虾制成的沙爹酱，从串到片，好吃的精华都保留了下来。

手撕牛肉

手撕牛肉有两派，一种是内蒙古大草原的手撕风干牛肉，香但是费牙口，适合牙彻底长齐的小朋友食用。四川系手撕牛肉就比较温和，顺着牛肉肌理能轻松撕成条。

牛肉条

牛肉条只是众多牛肉干里的一个形态，但是长条状胜在有手感，取出一条慢悠悠地吃着，一时半会不用换手，是牛肉零食的休闲时刻。

牛肉粒

包成糖果一样的牛肉粒，一度出现在我家过年的糖果盘里，但凡出现会立马取代巧克力、水果糖、软糖，成为最受欢迎的零食，所到之处只留下花花绿绿的包装纸一堆。

牛肉脯

牛肉脯最适合追求"平淡"口感的牛肉零食爱好者，牛肉打成肉糜再重新压制成型，吃起来不费力牛肉零食的精华还一点儿不落。

牛肉棒

母亲牌牛肉棒赢在洗脑般的出现频率，电视广告里它霸占着黄金档，在超市它把守着各个角落，一般小朋友很难抵挡诱惑，即便长大成人，说起牛肉零食时第一反应还是它。

肉，碳水化合物的灵魂伴侣

戒碳水，是世上最残忍的三个字，残忍程度直逼『我不喜欢你』。没有了碳水的相伴，再好吃的肉都会寡淡无味，肉和碳水是世界上最美妙的食物组合，是上帝送给我们的最好礼物，是全人类的多巴胺。

文／王琳 图／视觉中国

馍
手揉的饦饦馍，煮完以后不烂糊，内芯还保留筋骨。

粉丝
泡馍的必备配菜，豪华版会加木耳、黄花。

羊汤
汤为"破汤"——原汤和水的混合物，一般头汤最为浓稠。

羊肉
肉要煮得软烂，每碗一两到二两不等。

香菜
自带清香，可以化解羊肉的膻味。

肉夹馍与羊肉泡馍的伟大传说

文 / 张佳玮　摄影 / 高忆青　图 / 视觉中国　鸣谢餐厅 / 北京西安清真饭店

肉夹馍和羊肉泡馍，西安美食的两大"扛把子"。它们之间有怎样的爱恨情仇？张公子有话说。

这是个很久很久之前的故事了。

有一天，肉夹馍大王正和腊汁肉皇后亲热，彼此吹捧，君王好生劲韧，臣妾天然香浓，两情融洽真乃天作之合，你中有我我中有你。不巧不晓事的青椒侍卫闯进寝宫，打断了海誓山盟。侍卫气急败坏、火冲上脑，满身的铁板烧味，跪下奏道："君王听禀，大事不好。咱们美丽的坚韧的清脆的性感的馍馍公主，在远嫁牛肉泡馍王途中翻了船，被羊肉泡馍王抓走了！"

肉夹馍大王勃然大怒，拍床而起。披上袍服，掩盖赤裸的背部，喝令侍卫："快令太尉辣椒去整治军队！快令丞相香菜去发布檄文！我们要即日出征，远征羊肉泡馍国，夺回我们的公主，屠尽他们的城邦，把所有的泡馍都粉身碎骨、扔进羊汤！"

青椒侍卫小心翼翼地说："君王，羊肉泡馍本来就是掰碎了扔羊汤……"

肉夹馍大王一瞪眼："咄！寡馍馍难道不知？寡馍馍才不会让他们泡得那么优哉。他们不是爱泡吗？寡馍馍就汤下加火，把他们都泡散了！此乃鼎煮之刑！"

青椒侍卫小心翼翼地说："君王，这叫宽汤煮馍，又叫水围城……"

肉夹馍大王斜睨着青椒侍卫说："小子，叫你办事不去办，尽跟寡馍馍折腾什么呢？嗯？你好像对羊肉泡馍很熟啊，嗯？"

青椒侍卫吓得狼狈而去。腊汁肉皇后款款下床，轻抚肉夹馍大王："大王息怒，臣妾有一句话，本不知当不当说，但料大王宽宏大量，一定会允臣妾但说无妨，臣妾就说了。这羊肉泡馍国山高路远……"

肉夹馍大王嘿嘿一笑，他揽着腊汁肉皇后道："梓童多虑了，国凶战危，寡馍馍岂有不知？你以为寡馍馍真的笨到为了一个馍馍公主，就要冒此大险？这本是天大的良机。牛肉泡馍王丢了面子，一定肯出兵相助。何况有你父亲腊汁肉那一族的支援，我们乘此机会，剿灭羊肉泡馍，从此千秋万代，一统馍馍；馍馍扫六合，虎视何雄哉？"

"诸位馍馍，你们从小就明白，生为一个馍馍，一个健康壮实坚韧白净的馍馍，是何等幸运。我们每个馍馍来到世间，都是为了寻找属于他或她的那份腊汁肉，你中有我我中有你，相濡以肉汁，来达到馍生的大完美。而现在，我们的馍馍公主，居然被羊肉泡馍王劫走了。她将永远无法找到相配的腊肉塞在肚子里，而得被掰得粉身碎骨，下在羊汤里，被慢慢泡散……这是何等的残酷？馍馍们，为了肉夹馍的尊严，为了让世上的馍馍不再受羊汤浸泡的苦刑，我们就此誓师，剿灭羊肉泡馍！——嗯，香菜丞相，你这个檄文写得甚好，辞气慷慨，通俗易懂，富有煽动性。怎么，辣椒太尉你为什么满身通红？你说什么？寡馍馍这是假私济公别有所图？寡馍馍这是在牺牲所有馍馍来满足一个馍馍的野心？寡馍馍看你是老了，连辣椒本该有的血性都没了……寡馍馍现在就把你贬为小卒！青椒侍卫何在？你给寡馍馍抹二斤辣椒酱，从此升为太尉！——等等，寡馍馍是不是忘了关这个……这个话筒怎么关起来着？"

"启奏君王！牛肉泡馍大王愿意出兵相助，业已点兵出发，相约在羊肉泡馍国都城会师！"

"好，去吧！"

"启奏君王！前方有一大河羊汤相阻，怎么渡河？"

"好简单嘛，我们有十万雄师，派一千馍馍泡在羊汤里，搭成浮桥，让大军渡河！"

"君王，我们这么做会不会……"

"会什么呢？快给寡馍馍实行！"

"启奏君王！我们抓到了一群降兵。他们自称是从羊汤的鼎镬旁逃出来的馍馍。他们说已经受够了羊肉泡馍的日子，说宁为肉夹馍死，不为羊肉泡馍生！"

"妙哉！快，先给他们找相配的腊汁肉填好肚子，让他们成为我们的一员，然后编入教坊乐艺团，唱歌、演戏，来宣传我们是正义的，羊肉泡馍是邪恶的！"

"启奏君王！我们遇到了一群平民馍馍。他们说，既没见过腊汁肉，也没见过羊汤，只想一辈子当普通馍馍。"

"这可不行。快跟他们说腊汁肉可好了，比当普通馍馍强多了。把他们肚子里都灌上腊汁肉，久了他们自然会习惯的。"

肉夹馍大军开到了羊肉泡馍大王城下。肉夹馍大王扬鞭喝道："羊肉泡馍，快快肉袒出降，自备汤锅，寡馍饶你全城馍馍不死！"

肉夹馍大王问青椒丞相："寡馍视力不好，城头这个是谁？"

"君王，那好像是馍馍公主啊……"

"是吗？……"

"等等，她好像要说话了……"

馍馍公主说："我的父老乡亲，我的亲馍馍们，你们为何来此？你们岂不知道，这是一场骗局？"

肉夹馍大王一皱眉："她说什么呢？"

"馍馍们，生为馍馍，并不一定得按照一种馍生继续。为什么我们每个馍馍都得被划开肚子，灌进腊汁肉呢？为什么在此之前，我们要满足腊汁肉丈母娘的种种苛求，给腊汁肉丈母娘买房子买车送聘礼，才能完成这约定俗成的礼仪呢？为什么我们就不能沐浴在羊汤锅里，享受另一种温暖呢？"

肉夹馍大王生气了："太有伤风化了，她在宣扬什么价值观？"

"馍馍们，我在这里很幸福。我喜欢羊汤的温暖，加糖蒜，加辣酱，撒点胡椒面儿，搁点葱花……这都无妨，因为我依然是个馍馍，这是我自己的选择。是谁从一开始就规定了我们馍馍应该如何生活？用强硬的条令，用各种成见和约束，逼迫我们去划开肚子，接受腊汁肉？我们难道不应该有自己选择生活的权利吗？"

肉夹馍大王顿足捶胸："就知道女生外向！不管多么锦衣玉食，被别的汤一泡就五迷三道，翻脸不认馍了！"

"馍馍们，想一想吧。我们只是有的被灌进了腊汁肉，有的被扔进了羊汤，才有了不同，其实我们都是馍馍，本是同锅生，相煎何太急？"

"馍馍们，你们一路走来，那些牺牲掉的馍馍，那些在羊汤里被泡散了的，不也是另一种人生吗？君王不在乎你们是不是变成泡馍，他只在乎自己。"

"馍馍们，如果你们回头看看君王，会发现他背上也有跟你们一样的痕迹——虎背菊花，他本也是一个普通的馍馍。他就是为了掩盖自己的平凡，才会对征服其他馍馍如此狂热！"

肉夹馍大王发现，所有的馍馍都开始注视他。

"馍馍们，你们的盟友牛肉泡馍和羊肉泡馍并没有本质的不同，只是君王需要联合一方打垮一方而已；你们的香菜丞相其实夹在馍里和撒在汤里都可以，只是他需要这样宣扬而已。馍馍们，放弃成见吧！——你们有自由的权利！"然后，一阵大乱。

此刻，肉夹馍大王躲在一个角落里，喘息未定。腊汁肉皇后依然陪伴在他身旁。

"出啥事了都？"他问。

"牛肉泡馍大王和羊肉泡馍大王私下订了协约，临阵倒戈了。"

"这混蛋！"

"香菜丞相也叛变了。他本来就是墙头草。"

"难怪那么多人都说香菜味道有点怪！"

"我们队伍里许多馍馍其实是卧底。于是……"

"哎，不用提了。眼下我国破家亡，到何处去呢？"

"臣妾本也想永远服侍大王，但馍馍和腊汁肉其实也没法天长地久。能在一起的日子总是缘分，缘分尽了，也就罢了。臣妾只能送大王到这里了。愿大王福寿康宁。"

肉夹馍大王成了一个普通的馍馍。他漫步在多风的大地上，变成了一个干馍馍。于是他跳进了一条漂浮着葱花、辣椒末的羊汤河。随波逐流之后，他变得蓬松柔软。他浮在汤面上仰望天空，想：

"这样的馍生其实也不坏，对吧……"

远处漂来一片腊汁肉，他侧头，看见了，大惊。

"梓童？"

"你叫谁哪？你又是谁？"腊汁肉问。

"我是……我是……"

他想不出怎么说，因为他不再是大王了，只是一个普通的肉夹馍。

"算了，我是什么很重要吗？哎，你愿意和我在一起吗？"

"一个泡馍和一块腊汁肉在一起？有这种做法吗？"

"那又怎么样呢？"他说，"想一想吧。馍馍们只是有的被灌进了腊汁肉，有的被扔进了羊汤，才有了不同，其实我们都是馍馍而已。"

"说得还有几分道理……"

"馍馍和腊汁肉其实也没法天长地久。能在一起的日子总是缘分，缘分尽了，也就罢了。我们能有缘在一起，别问是非，就珍惜眼前时光吧，如何？"

"我一直听说肉夹馍比较老成比较扎实，泡馍比较漂浮比较鲜活。敢情你就是那种泡馍吗？"

"哎，其实我以前也是个脆韧鲜爽、肉汁稠浓的肉夹馍来着。"

"真的？"

"嗯，这是个很久，很久以前的故事了。"

| 掰一碗合格的泡馍 |

— 准备 —

取两个白馍。

1

— 掰 —

将馍拿起一分为二。

2

— 掰 —

把馍二分为四。

3

— 撕 —

从中间把馍撕成两片。

4

— 掐 —

将馍掐成黄豆粒大小。

5

— 抖 —

查看有没有大块的馍粒落在碗里面。

6

烧麦烧卖，傻傻分不清楚

文 / 李舒　图 / 视觉中国

中华大地五千年，被一只烧卖统治了。

桃之夭夭，灼灼其华。桃花开时，你能想到什么？我只能想到桃花烧卖，这是属于一个美食爱好者的浪漫。

从前写《潘金莲的饺子》，特别分析过烧卖，这种吃食在《金瓶梅》里只出现了一次，却是西门庆和清客们的家常饭食："那应伯爵、谢希大、祝实念、韩道国，每人吃一大深碗八宝攒汤，三个大包子，还零四个桃花烧卖，只留了一个包儿压碟儿。左右收下汤碗去，斟上酒来饮酒。"

最早在文学作品里出现"烧卖"一词大约是《快嘴李翠莲》："烧卖匾食有何难，三汤两割我也会。"《快嘴李翠莲》是宋元时期的作品，所以在那时，"烧卖"已经是十分常见的面食了。不过，这种食物似乎见过许多种称呼，有"烧麦"者，"烧卖"者，亦有"稍麦"者。元代高丽出版的汉语教科书《朴通事》上记载，大都（今北京）午门外的饭店里有"稍麦"出售。对于"稍麦"，还有两段注解，一为："以麦面做成薄片，包肉蒸熟，与汤食之，方言谓之稍麦。麦亦作卖。"二为："以面作皮，以肉为馅，当顶作为花蕊，方言谓之稍麦。"

清人郝懿行不这么看。他认为，"稍"是"稍稍"的意思，"言麦面少"。因为"稍麦"裹着肉馅，外皮很薄，由此得名。郝懿行的时代，烧卖的称呼简直五花八门，除了上述三种，还有"稍梅""纱帽""稍美"等称呼。

"捎美"来自清末民初薛宝辰的《素食说略》："以生面捻饼，置豆粉上。以碗推其边使薄。实以发菜、蔬、笋，撮合。蒸之。曰捎美。"薛宝辰是陕西人，这个做法应当也是陕西做法。"稍梅"的

称呼出自湖北，我觉得大概是因为成品似梅花而得名。"纱帽"是上海嘉定的说法，《嘉定县续志》云："以面为之，边薄底厚，实以肉馅，蒸熟即食，最佳。因形如纱帽，故名。"

桃花烧卖是明代的家常小吃，不仅《金瓶梅》中出现过，《万历野获编》亦有。所谓"桃花"，应该取的是烧卖之顶穗犹如绽放桃蕊，和古人所说的"当顶作为花蕊"相合。明清小说里，烧卖出现的次数很多，比如《儒林外史》第十回："席上上了两盘点心，一盘猪肉心的烧卖，一盘鹅油白糖蒸的饺儿。"清朝乾隆年间的竹枝词有"烧麦馄饨列满盘"的说法。李斗《扬州画舫录》、顾禄《桐桥倚棹录》等书中均有"烧卖"一词出现。

烧卖的流传方向，是由北而南，因为馅料的不同，出现了种类不同的烧卖。比如，我在北京内蒙古驻京办吃的烧卖还保留着古人的风味，热腾腾上桌时，薄如纸的烧卖皮内包着一大团羊肉，咬一口，滚烫而鲜美。只可惜一次性只能吃一两只，我带过一些生的回家蒸，很奇怪，没有在店里吃的有风味。

南方人的烧卖里有浸泡蒸熟的糯米，再配上猪肉馅料炒制而成。在我的烧麦地图里，上海的下沙烧卖是当之无愧的第一。第一次吃，简直惊艳，精髓在里面细碎碎的笋丁，还有若有若无的一点肉皮汤，一咬，真正鲜掉了眉毛。这几年满大街都是"下沙烧卖"，分不清哪家正宗哪家伪劣，妈妈曾经给我买过一次，里面居然加了酱油，一股酱肉包的味道。

看来，就连烧卖也是"人生只若初见"啊！

上海生煎地方志

文 / 令狐小　图 / 视觉中国

在上海，吃生煎馒头是有鄙视链的。

在海派点心界，上海人对待生煎的态度与其他食物不同。

首先是名字。要叫"生煎馒头"而不是"生煎包"，有别于北方的包子。肉包子、肉馒头可以混叫，但是"生煎馒头"不能。

接着是身份。尽管同大饼、油条、豆浆一样出身草根，但由于起源于茶馆用以佐茶，生煎的身份是一种休闲点心——这份休闲是上海小资界的初代代表。比如张爱玲，路遇瘪三抢劫，一半的生煎馒头落了地，另一半也要"连纸包一起紧紧地"抢回来。

关于生煎的制作，长久以来都是个热点话题：外皮是全发酵还是半发酵？肉馅是清水派还是浑水派？褶子收口是朝上还是朝下？想要争论的实在是太多，不得不生出一条生煎馒头鄙视链。

不少老上海人觉得小杨生煎应该排在鄙视链底端。尽管每个来上海生活的外地居民，都是由小杨开启生煎世界大门的。但它就像是生煎界的全聚德烤鸭，所引发争议也最大。

作为生煎界出名的改良派，小杨生煎主打"皮薄汤多"，未经发酵的面皮吃起来韧劲十足，加入了大量肉皮冻的内馅则汁水丰沛（即所谓的"浑水"馅），由于面皮薄，褶子收口朝下，煎底不易破。加上花样繁复的新式馅料以及比一般生煎大一圈的体积，很容易让人获得满足感。

但在许多上海人看来，像小杨这样遍布街头的荣光，早几年属于丰裕。丰裕的生煎做法更加传统。半发面更厚更软，相比小杨，丰裕总拥有更多爷叔阿婆粉丝。他们退休之后便常常散步来吃一客生煎。再配一碗丰裕招牌油豆腐细粉汤，干湿相宜，这才吃得落胃（舒服）嘛。

当然，一部分上海人会推荐你去吃经营了数

十年的私人小店。比如人民广场背后巷子里的舒蔡记。从开放式的厨房可以瞧出这家店的与众不同：比如定制的木头锅盖特意加了一层铝皮，以便能够更好地封住锅内的热气。师傅对待生煎的态度也很温柔，一个个拎起来放进锅里排好，每个都是光滑的表面朝上，白得发光。时间会慢慢把生煎底烘得金黄香脆。

而四川北路的飞龙生煎，生煎个头略大，搭配店内现烧的蟹粉酸辣汤，酸酸辣辣，更显得生煎底板松脆焦香。据说这里"不问人是找不到的。问一个可能还不行，你可以一个一个问下去，还好他们会接力指明你一条正确的小道"。

鄙视链高层属于复兴派老字号。

比如老西门大富贵酒楼的小吃部，据说这里能够吃出"几十年前的一半味道"。生煎虽然也和小杨一样是收口朝下，但内馅却属于早期更流行的"清水派"——只有法式深吻般使劲嘬才能吸得一点汤汁。

另一家是东泰祥。这里的生煎只有鲜肉和虾仁两种传统馅料，最为得意的技术是自家生煎面皮的半发面。这种技术是在生煎包好之后根据当天的温度湿度静置发酵一段时间，使面皮柔软蓬松。凭着它，东泰祥生煎成为上海唯一一个成功申请到非物质文化遗产的生煎小馒头。

这种生煎小馒头的皮因为发面较久比较蓬松，咬开会呈现一个圆圆的规则的洞。不过，等待的时间较长，从点餐到吃上有时甚至要等四十分钟。

在上海吃生煎，言必大壶春。

许多老上海人觉得它家最正宗，因为它一直以来"走的是正宗的清水帮生煎路线"：面皮要全发面，揉好面后专门发酵，包好生煎后还要再发酵。这使得面皮厚且暄软。肉馅不怎么加肉皮冻，就是实在的猪肉馅，仅有的一点汤汁也渗入到面皮内部疏松的气孔里了。因为面皮厚不易破，不用费心煎褶子，所以一定要收口褶子朝上。虽然这样像包子的生煎现在已经不多见，但在老上海人的记忆里这才是生煎馒头该有的样子。"皮薄汤多？不如去吃小笼包！"但现在如果去大壶春最出名的云南南路店，也能看到一些不好的端倪：师傅手法粗犷，油锅下生煎一排一排地赶。以至于生煎褶子也是草草地捏在一起。一位上海爷叔痛心疾首地告诉我，过去一个个仔细捏褶子的生煎已难见到。

大壶春发源于当年的萝春阁茶楼。这是第一家开始在茶楼卖生煎当茶食点心的店。

孔明珠曾经记载萝春阁的老板黄楚九当年吃到的生煎，"皮薄肉汁多，底板焦黄带着脆感，非常好吃"。而她小时候吃过萝春阁的生煎，也是"小巧焦香，咬一个小洞，让鲜肉汤流进嘴，咬沾到肉汁的面皮"。反倒是那清水派生煎，才是当年为了与萝春阁有别，有意为之的"改良派"。看来小杨生煎才更接近于当年的生煎之王呢。

如今，越来越多的上海年轻人也开始接受新式生煎了。不知道什么时候起，上海人的海派生煎记忆里，讨论的不再是正宗与否。如果有人觉得面皮暄软、卤汁入味的老派生煎是好吃的，那么皮薄馅多、汁水丰厚的生煎馒头总有一天也可以发展成像当年萝春阁一样受人欢迎的美味。

铁锅炖大鹅，
东北人的冬日限定

文 / 王琳　插画 / 古谷

鹅鹅鹅，曲颈用刀割。拔毛烧开水，炖鹅用铁锅。

西北的大盘鸡到了东北，气势绝对会大大减弱，这一切都因为铁锅的存在。铁锅炖系列是东北菜的重要分支，给东北人一口铁锅，可以炖一切。支起一口大铁锅，柴火棒塞进灶里，地上跑的水里游的，没有啥玩意儿不能炖。但是在下雪天炖大鹅，是对铁锅最起码的尊重。

天冷吃鹅，是东北人的"不时不食"，不过太瘦的鹅是没有资格进铁锅的。炖大鹅的油取自大鹅肚子里的鹅油，原油化原鹅，鹅油下锅，翻炒鹅肉，炒到鹅肉水分收干，鹅腥味？不存在的。

铁锅是仅次于大鹅的重要存在，养好一口大铁锅就是好吃的秘诀。东北的大铁锅在厨具尺寸上能秒杀全国，什么盆子、大盘都装不下铁锅炖。

直接对着铁锅吃，才是铁锅炖系列的精髓。

关于铁锅炖大鹅的配菜，只有一个标准，那就是：made in（产自）东北。榛蘑、粉条、豆皮、豆腐、玉米、土豆，任君挑选。所有配菜跟大鹅一起吸满汤汁，一锅铁锅炖大鹅，还你一个铁锅界的"大丰收"。

围着锅边贴一圈的玉米饼子，是铁锅系列的灵魂搭档。软糯的玉米饼掰开，蘸一下炖到浓稠的汤汁，别说东北人，放全国都没人能拒绝。

最后，铁锅炖大鹅的最佳食用场景一定是在东北，窗外漂着雪花，窗内升腾着雾气，吃完热气腾腾的铁锅炖大鹅，出门扎进 -30°C 的冷冽空气里，冰火两重天，不过如此。

大盘鸡的江湖

文 / 蛮吉　插画 / 突突

有鸡的地方，就有江湖。大盘鸡的江湖，自然也少不了血雨腥风，但所有爱恨情仇，都源于对眼前那盘鸡的热爱。

大盘鸡的起源，有无数个版本。

主流说法是它诞生于柴窝堡，由一位名叫陈家乔的湖南籍卤鸡店老板发明。时间拨回到 20 世纪 80 年代，柴窝堡的 312 国道旁还在修铁路，一时间车来车往，陈家乔打算做个新菜招徕顾客，思来想去，决定以辣子炒鸡担此重任。他的辣子炒鸡走豪放路线，一次用一整只鸡，装在十几寸的搪瓷盘子里，刚好满满一大盘。这份豪放派辣子炒鸡十分争气，推出后一举成名，后来顾客每次来点菜就点名要"大盘鸡"。

而另一个版本则将起源地引向沙湾，同样在 20 世纪 80 年代，一个改行做厨子的矿工李士林，开了家饭馆叫"满朋阁"。一次，店里来了几个四川人，他们嫌菜不够辣，李士林便用辣子和鸡肉为其炒了道菜，客人吃了赞不绝口。第二天，客人又来了，还要求加量。李士林就炒了一整只鸡，找了个大盘子装。一传十，十传百，后来便开始有人慕名前来吃"大盘鸡"。再往后，一个叫张坤林的河南人也在沙湾开了店，并在 1992 年注册了"杏花村"这个品牌，它成为新疆大盘鸡的第一个注册商标。

两派各自的拥趸都坚定地认本派为正宗大盘鸡，但其实如果抛弃"大盘鸡"这个名字，两道菜的做法迥然不同。柴窝堡的大盘鸡只放干辣椒和鸡块，口味偏辣，很多人习惯称之为辣子鸡。而沙湾派大盘鸡，必备土豆、辣子、面、鸡，有时也会放洋葱和新疆本地啤酒乌苏作为调味品。我们熟悉的正是沙湾派系的大盘鸡。

不过出了新疆，大盘鸡大多和"正宗"二字相距甚远。一盘正宗的沙湾系大盘鸡究竟长什么样？

| 沙湾派系大盘鸡的正确打开方式 |

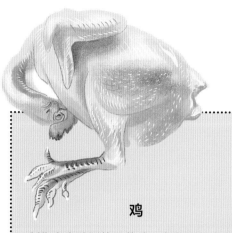

鸡

制作大盘鸡用的是整鸡，食客可以决定鸡的个头，但绝不能提出只吃半只的无理要求。鸡肉斩成大块，搭配同样大块头的土豆，让人真正领会什么叫"大快朵颐"。

辣子
产地：湘川

大盘鸡必加干辣椒和青椒，红椒也颇为常见。多重辣味在烹调过程中渗入鸡肉，增加了味道的层次。食客往往吃得满头大汗，大呼过瘾。

皮带面
产地：陕西

在新疆，吃大盘鸡，一定要配皮带面，挂面、削面、拉面通通被视作异端。什么时候吃面也有讲究，当地老饕一般会在鸡吃到一半的时候才叫店家上面。这时盘子空了一半，拌面的人有了施展拳脚的空间，可以保证每根面上都均匀裹挟着汤汁。

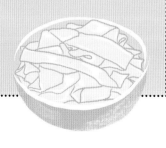

土豆
产地：甘肃

大盘鸡中的土豆不是配菜，而是不可或缺的存在。浸润了鸡汁和辣椒的土豆，软软糯糯，很多人吃大盘鸡不是喜欢鸡，而是爱这土豆。

大盘子

顾名思义，大盘鸡，得用大盘子装鸡。盘子不光要大，还不能太深，这样的盘子方便拌面。如果在一家店吃到了边边角角都有磕碰痕迹的搪瓷盘，那么恭喜你，来对对方了。

吃年糕，食肉者的本能

文 / 刘树蕙 摄影 / 陈超

洁白无瑕的年糕切片后就像一片片的猪油，咬下去却是软嫩不油腻，实在是绝佳的肥肉替代品。

吃年糕的时候，就是年味最足的时候。

全村的小孩儿上午刚看完杀猪，买完热气腾腾的猪肉，下午就去围观打年糕。男人手里的木榔头随着一声声嘿呦哼哧的号子抬起落下，因为米团强大的黏性，冒着热气的年糕就跟着木榔头撕扯到空中，呼吸着腊月凛冽又充满人情味儿的空气，石臼里的米香幻化成白气，不急不缓地往外跑，勾引着老少孩子的心。

这时候我们总相信，食物在所有人的注视下会变得越发好吃。每个人都目不转睛地盯着，就连平时没有耐心的顽童都能做到一声不吭，持续看着重复一百下的动作也不犯困。直到你置身其处，穿着厚棉衣站在南方正午的阳光下，眨个眼睛都觉得眼球泛凉的时候，你就明白了，看着一个个大叔穿单衣汗流浃背敲打年糕是一种享受。每个孩子都等着最后敲打完毕，性格好的大叔揪出来一块放进小孩嘴里，或者切出来一坨遁入红糖水里趁热吃，开开心心吃完，最后可以一人买一排切好的年糕回家去烤着、煮着或者炒着吃。

总觉得爱吃肉的人一定爱吃年糕，粳米做的年糕，不像糯米那么黏软，它的弹性是有节制的。切片后像白色的猪油肥肉，咬下去却带着大米的甘甜，一点也不油腻。

所以它搭配的一定是猪肉和猪油，肉要瘦柴一点，和年糕的软嫩一起吃会有很丰富的口感，再裹上遍身的猪油，四溢出动物脂肪的香味，造就吃起来不是肥肉却甚似肥肉的口感。

这样的年糕和猪肉就像是妇唱夫随的一对，必须要世世代代做夫妻，年年岁岁在一起。

荠菜肉丝炒年糕

杭州人吃得清爽，春天第一阵雪过后，田埂上就开始冒出新发的荠菜，姑姑奶奶拿着剪子挑一篮，嫩的要点儿，老的也要点儿，切碎了更香。肉要里脊肉，切成细丝，不柴也不油，细细嫩嫩的现出肉最精致的纤维，再和白白净净的年糕一起翻炒，一青一白，吃这个就是"咬春"了。

盘菜酱肉年糕

温州人爱吃盘菜，他们叫它"扁菜头"，吃起来和萝卜差不多，但比萝卜的性格要温和不少，没什么辛辣，更加绵软甘甜。切成薄薄的片备着，旁边再拿来一条酱缸里酿了许久的酱肉，那酱肉的瘦肉部分十分坚硬干柴，肥肉部分又是透明的，吃起来一股腊肠味儿。热热闹闹和年糕炒一锅，既有甘甜又有软糯又有酱香，齐了。

冬笋火腿年糕

徽州人对待年糕的最高礼遇是搭配冬笋和火腿，有人不知道金华火腿出于徽州，在这里，有比别处更加绵密阴沉的冬天雨季，更适合火腿的腌制。这时候满山的毛竹也开始出笋了，冬笋以问政山笋为最佳，平日里比其他笋要贵出一倍，可当地人吃起来不吝。三四头笋、一大块火腿、几条年糕炒一盘，或者煨一锅年糕汤，吃下去的时候会觉得年糕都跟着升华了。

张大千的牛肉面

文 / 李舒 摄影 / 陈超

杭州没有杭州小笼包，重庆没有重庆鸡公煲，四川也没有川味牛肉面，因为川味牛肉面的家乡在——台湾。

去了趟台北。街头巷尾，最不会缺的是"川味"红烧牛肉面的招牌，小小一条永康街，居然能有三四家。奇怪的是，到了四川去问，当地人会鄙夷地告诉你，并无此味。内地人更熟悉的自然是兰州的牛肉拉面，上海人则爱喝清炖牛肉汤，连不善于做饭的张爱玲都知道，要是生病了，可以喝这个——好得快。

台北的"川味"牛肉面，源头当然出自眷村，而以冈山的眷村可能性最大。冈山是空军官校所在地，官校自成都迁来，眷属多半为四川人。丈夫们每天驾驶飞机出门——也许到了晚上，便回不来了。在家等候的眷属们一边提心吊胆地听着天上的点点滴滴，一边做着最熟悉的家乡味道。我买过一次冈山辣豆瓣酱，味道不坏，有非常浓郁的郫县豆瓣酱的味道，当然多了一点甜味，那是眷属们用自己的方式思念着故土。来台初期，大家的日子自然是艰苦的，他们一边想着"什么时候能够回去"，一边努力维持着家务，让家人孩子尽可能地补充营养。牛肉面的牛肉，也有成都小吃"红汤牛肉"的风格，这样的一碗面，浓郁而能饱腹，是典型的眷村菜。

以这样的心情吃那碗红烧牛肉面，会突然感受到异乡的滋味，身体中有某种情绪被唤醒，然后转换着，突然便有酸楚的感情漾起。也许是因为这种来自家乡的特殊情绪，回到台湾的张大千，才会特别爱用这道菜招待客人，画家的牛肉面，丰富而充满想象，带有豪放的乐观。张大千的红烧牛肉面（正确名称应是"黄焖"，不可加酱油）做法如下：

1. 先用素油煎剁碎的辣豆瓣酱
2. 放入两小片姜，葱节子数段
3. 牛肉四斤，切块入锅
4. 花雕酒半斤至一斤
5. 酒酿酌量
6. 花椒十至二十颗
7. 撒盐
8. 烧至大滚，再以小火炖，约四小时
9. 煮面
10. 分盘上桌
11. 可佐以芫荽、红辣椒丝炒绿豆芽、盐、糖、醋、胡椒、酱油、辣油

张大千很喜欢牛肉，除了这道红烧牛肉面，他还做过一道摩耶生炒牛肉，摩耶是他在台北精舍的名字，这道菜最大的特色是炒出来的牛肉洁白晶亮，与木耳黑白分明。据说某次有人向画家求秘方，画家说，把牛里脊肉切成薄片，用筛子在水龙头下洗冲 20 分钟，加少许荧粉调水，然后急火热油与发好的木耳同时下锅，便会有此效果。张家的餐桌上出现最多的菜则是四川小吃粉蒸牛肉，这道菜菜浓味鲜，里面要放大量豆瓣和花椒，有些人还要放干辣椒面，以增加香辣。但是张大千不满意普通的干辣椒面，他用的辣椒面一定要自己做，吃的时候要专门到牛市口买著名的椒盐锅盔，用锅盔夹着粉蒸牛肉吃。

爱吃到这种地步，难怪画家曾经自负地说："以艺术而论，我善烹饪更在画艺之上。"

好吃的都是被丢掉的

内脏，是一道门槛，只有对美食有极高追求的人才能发现内脏的美，跨过它你就进入了新世界。内脏的神奇在于每一个部位都有自己的特点，口感没有一丝一毫的重复，如果非要总结一个特点，那就是：好吃。

文/王琳　摄影/陈超

内脏之王

文 / 拳王 插画 / 突突

内脏是什么? 是最灿烂的诗篇，是自由女神的提灯，是最强烈的乡愁，是肉食世界的无冕之王。

我的朋友王睿曾经对吃内脏这事嗤之以鼻，他经常列举吃内脏的诸多弊端，例如内脏脂肪多，吃了会长胖，内脏胆固醇高，吃多了容易得冠心病，某些内脏有毒素和重金属沉淀，等于是在搞慢性自杀。

王睿说全世界最爱吃内脏的动物是鬣狗，此君在非洲有掏肛兽之称，专找别的动物肛门下嘴，然后活吃肠子。被它掏肠的动物要是想逃跑，肠子就会被拉得越来越长，所以只能原地不动，任其宰割。正因为如此，鬣狗是非洲大陆最不受待见的动物，已经在 facebook（社交软件）上蝉联了 7 届 MSOBA (Most "Son Of Bitch" Animal，最混蛋的动物)。

然后王睿指着我说，你这条会说四川话的鬣狗。

就此问题我跟王睿争执过多次，我请他用平常心对待内脏，它仅仅是动物身上的一部分，你吃鸡腿和吃鸡肾，在本质上是一样的。鸡不会因为你把它内脏扔了而感激你。要学会换位思考，你死之后难道希望身子骨埋一地儿，内脏埋另一地儿? 尸块们最看重齐齐整整，所以在吃鸡吃猪时，理应把内脏一起吃下去，让它们在你胃里团聚。

至于王睿对鬣狗和我的偏见，我是这样纠正他的，我告诉他拓扑学中有一种叫克莱因瓶的瓶子，其底部有一个洞，瓶子的颈部扭曲地进入瓶子内部，然后和底部的洞相连接——这就是克莱因瓶的特质，它没有"内部"和"外部"之分。鬣狗在非洲从肛门掏肠子，其实是一种拓扑学实践，它是在制造克莱因瓶。一头驴被鬣狗掏得没有内外之分，就成了一只克莱因驴。同理还有克莱因斑马、克莱因水牛等等。为何克莱因因为提出克莱

因瓶而流芳千古，鬣狗却要遗臭万年？

王睿深恶痛绝地摇摇头，说你们这些搞金融的，最大的本事就是颠倒黑白、不分是非，把坏的说成好的，把值 10 块钱的说成值 1000，不然你们靠啥挣钱？

我说我可是个工科生，最看重实证精神，你要是不服气，不如跟我走一趟，我安排一场内脏之旅，等旅行结束，你再来重新评价自己对内脏的态度。如何？

王睿答应了，他想大不了内脏口里过，原则心中留，试图靠吃去改变一个人的世界观，是绝无可能的。

我俩内脏之旅的第一站，是广东顺德，那里号称粤菜之源，有着最卓越的厨师和最正宗的猪杂粥。

把猪杂粥选为粤菜内脏菜系的代表，也许粉肠和猪肚包鸡不服。我选择猪杂粥是基于这个原因：粉肠、猪肚包鸡都是内脏和普通肉类的结合，好比你购买一支理财产品，其配置有股票、债券、现金、票据等，作为购买者你只知道整体收益，却不知道起作用的到底是哪个投向。也就是说，哪怕王睿觉得粉肠好吃，他也可以嘴硬说是里面的猪肉好吃，而非肠子。所以我采取了控制变量法，让内脏成为料理的主角，让王睿没法找借口。而猪杂粥就是这样一道纯粹的内脏料理。

在一个大雨滂沱的深夜，我带着王睿来到了顺德最有名的猪杂粥餐厅，它毫不起眼，廉价的塑料方凳一看就邻苯二甲酸酯超标（增塑剂主要成分，容易导致小孩性早熟），王睿说他怕性早熟，打算蹲在地上吃。但是当猪杂粥端上桌时，他又回到了座位上——我们闻不到任何腥味，猪腰、猪肝、猪心、猪舌、猪肠等猪下水的气味被某种技艺化为无形，只剩下清幽的肉香。我们跟老板打听，其实就是经过简单的腌制后搁粥里生滚，粥里的米胶将内脏包裹，最大程度保留了鲜嫩，入口滑如绸缎。

王睿狼吞虎咽、上下牙齿几乎未发生碰撞就把一碗吃光，他砸吧砸吧嘴，低调地表示再来一碗。我压根不搭理他的诉求，拉着他头也不回地离开了小店，王睿很是不满，说你龟儿就那么怕性早熟？

我说不是因为这个，我是怕你吃撑了进入贤者时间，无法对食物做出公正评价。你现在可以开始严肃点评了。

王睿舔了舔嘴唇，似是在认真回味，半晌后他说："主要是米好。"

我以为变量已经够少了，还是防不胜防。所以第一站广东猪杂之旅不算成功，被王睿钻了空子，于是第二站我带他去了祖国西北，青海省中西部的格尔木。

让我们欣喜的是，格尔木这座 2017 年才计划摘帽的贫困县竟然有机场，从机场出来我们驱车直奔烤肉馆，其时方才仲秋，沿途的雪山、冰湖和天然草场绵延接壤，时刻提醒着我们青藏高原和柴达木盆地在此交错。

这里有盐桥，有石油，有块煤，有沙漠，有

森林，有冰川，有长江，还有羊。据我的社交经验，内蒙古、甘肃、宁夏、青海和新疆的居民都号称自己家乡的羊肉是最好的，不外乎就是饮山泉、吃青草，不吃饲料、性晚熟之类的原因，我个人是吃不出多大区别的，除了格尔木的羊。

格尔木丰富多变的气候和环境造就了这里的山羊之王，格尔木羊的羊杂可谓羊王头顶的王冠，而皇冠上的明珠，就是格尔木的羊腰。

据说中石油的很多新员工放着大城市不留，主动申请去青海油田当工人，就是冲着格尔木的羊腰子来的。这里的羊腰子自然是用烤的，用格尔木当地的块煤烤。当地流行一句话："只有两件事会让格尔木人动起来，一是烧块煤时一氧化碳中毒，二是杀羊后取羊腰子。"烤肉店的伙计在杀羊的第一时间就要趁羊血未凉，把羊腰子挖出，然后对半切开，撕去腥臭的筋膜，再用简单的调料腌制半日，就可以上烤架了。烤时抹点羊油在腰子表面，先用大火烤焦表皮锁住水分，再用文火慢烤。这样烤出的羊腰子外焦里嫩，不干不柴，没有任何膻味，一口咬开只见汁液，没有鲜血。

吸取了猪杂粥的教训，我决定将变量降低到最少，只点腰子，不点其他。王睿当日吃了整整6个大腰子，我问他好吃不，他嘴里的腰子还没嚼完，只能先捣蒜般点头。我抢白道："你总不能说是腰子里的尿好吃吧？"

王睿沉吟良久，说他不是石油工人，不可能长期待在这里，离开了格尔木，也就吃不到这样的腰子了。"你这相当于拿王母娘娘的蟠桃请客，证明不

了全天下的桃子都一样美味。"王睿强词夺理。

他倒也不算胡搅蛮缠，要是有一天外星人想吃人脑花，确实不能把爱因斯坦的脑花端上去，这种样本不具备普遍性。

于是我决定带他去探寻更广大的样本。我们来到东北，来到黑龙江绥化市。这里素有塞北江南之称，是整个黑龙江的粮仓。

绥化的机械化作业普及程度很高，接待我们的东道就是绥化农业机械化学校的徐老师。徐老师介绍道，这里的农民虽然能把联合割机开出路虎的感觉，但他们骨子里的质朴是无法磨灭的。这主要体现在吃杀猪菜。

关于杀猪菜就不赘述了，总之那是所有东北游子的大型乡愁。经典的杀猪菜里要加入"灯笼挂"，就是全套猪下水，但最让东北人魂牵梦萦的是血肠，它被称作"愁更愁"。

猪血肠的内容和制作都很简单，无非就是杀猪时放血到盐水里，边接边搅拌，使血液不凝固，然后加入剁碎的猪油、洋葱、盐、姜末和香料，再灌入猪小肠扎紧，放入85°C左右的热水中煮成血肠。

吃的时候把血肠切段，配上蒜泥蘸食。血旺闪亮嫩滑，吹弹吹破，肠衣韧而不硬，口感上佳。徐老师普及道，血肠原为满族食品，在萨满教祭祀时会献给万物之灵。萨满教是个很有意思的宗教，简单来讲，它是一种多神教，教徒们并不笃信单一的神祇，他们相信万物有灵。萨满教徒是一群实用主义者，他们很好地贯彻了"多神教"中的

"信者可根据自己的需要随意选择特定的神灵加以崇拜"，简单地说，要是遇到干旱，萨满教徒就会去拜雨神，要是准备兴建一座木屋，他们就会去拜鲁班，更别说一些稀奇古怪的神灵了。试举一例，泛基督教有着行割礼的传统，俄罗斯东正教更是有一个叫"阉割派"的支派，为奉行严格的禁欲，干脆直接把教徒给阉了，但咱多神教就人性化得多，比如日本的神道教甚至有生育节，信众在节日当天推着个大型四轮"鸡儿"在街上游行。

萨满教徒在拜祭不同的神灵时会献上不同的祭品，唯有猪血肠是通用祭品，任何场合都适用，它在 17、18 世纪甚至成了萨满教的硬通货。到了 20 世纪，张作霖也一度想用血肠代替官方货币"奉票"，以对抗民国初年的通货膨胀。

"当然，差点成为官方货币并不是血肠史上最动人的传说，血肠之所以被称作'愁更愁'，是因为因纽特人，"博学的徐老师跟我们讲，"一万年前，因纽特人从西伯利亚一路走到东北，最后穿过结冰的白令海峡来到了北美。他们在东北接受了萨满信仰，据研究应该是被血肠统战了。总之因纽特人也吃血肠，他们在加拿大育空高原的冰天雪地里吃血肠，我们东北人在绥化、延边和铁岭吃血肠，可谓天涯共此时。"

"那为何叫作愁更愁？"王睿好奇道。

"大冰期结束后，白令海峡重新被海水覆盖。因纽特人再也回不到故乡，他们只能通过吃血肠寄托思念。你们知道萨满巫师在祭祀仪式上会陷入类似羊痫风的状态吗？人们认为他们是在通灵，其实是因为吃了血肠而激发最强乡愁。"

这时，徐老师夹起一块血肠递到王睿嘴前，热情地告诉王睿："来一愁。"

王睿极为不情愿地吃下了这块血肠，他紧张地握住我的手，生怕自己也犯羊痫风，还好没有。这下他舒了一口气，得意地说，我就说内脏这东西不靠谱吧，什么最强乡愁，我也离开了家乡重庆，吃了血肠为何没有发羊痫风？

徐老师说，你不是东北人，当然不会把血肠和乡愁联系起来。王睿恍然大悟，说有道理，我们的血管里没有世世代代流淌猪血，没法感同身受。

徐老师说你骂谁呢！王睿连忙说我不是那个意思，你明白我的意思就行，我现在算是了解你们对血肠的感情了，唯一的疑问是，我理解它和乡愁有关，可为何叫作"愁更愁"？

徐老师不言语，他只是拿过菜刀，把一整节未处理的血肠切块。

"抽刀断肠……愁更愁？"我和王睿齐声吟了出来。

对于每一个东北游子来说，血肠是切不断的思念，回不去的家乡。

而我们的思念在哪里呢？我和王睿面面相觑。

回去吧，回到重庆去，我告诉王睿。我是成都人，而他是重庆人，虽然已是不同的行政区划，但巴蜀自古一家，我知道他的愁绪在哪里。

一是重庆渝北区的东大肛肠医院，王睿在那割了痔疮，其痛楚冠绝半生，他经常在异乡的深夜被噩梦惊醒，汗出如浆。他们搞金融的到处出

差，成天住酒店，同事都号称自己醒来常不知身在何地，而王睿则是每次醒来都以为自己在肛肠医院。这是乡愁之一。

二是火锅。

火锅对于重庆人的意义，绝不亚于血肠之于东北人和因纽特人。王睿 base（扎根）在北京十多年，从没吃过任何一家北京的重庆火锅，他说不正宗——这就是王睿，可以回不去故乡，但是绝不踏进异乡的火锅店一步。就好比好男儿志在四方，但是绝不碰老婆之外的女人。王睿是典型的重庆好男儿，他时常抨击我们成都男人有饭便是爹，我说我们只是比较随和。

王睿拒绝随和。他离开重庆十多年，一次火锅店都没进过。他倒是托朋友寄了些重庆火锅的底料，自己在北京的家中煮火锅、涮肉。和网上售卖的流水线产品不一样，这是重庆火锅店的老板亲自手工包装的底料，用的是老得不能再老的老油，至少 700 双筷子在里面搅过。我每次去到他家都能闻到厚重的牛油味，终年不散。王睿说这气味就是他的乡愁。

"不，王睿，你错了，老油自然是重庆火锅的精髓之一，但它不是重庆人的'愁更愁'。让我这个成都人来告诉你，重庆人的'愁更愁'是啥子。"我打断了他。

我当场就给王睿念了几句诗：

"把你，
那劳瘁贫贱的流民

那向往自由呼吸，又被无情抛弃
那拥挤于彼岸悲惨哀吟
那骤雨暴风中翻覆的惊魂
全都给我！
我高举灯盏伫立金门！"

上述诗句是犹太女诗人艾玛－拉扎罗斯所作，镌刻于自由女神基座上的铭文。自由女神又名"放逐者之母"，她高举着火炬，给每一个在大西洋的惊涛骇浪里被放逐到美国东海岸的新教徒、难民、悍匪和无家可归者照亮归途。

"扼守你们旷古虚华的土地与功勋吧！"自由女神向整个欧洲呼喊道。

这就是"放逐者之母"的精神内核，她不要伟岸浮华和奢靡，只敞开胸怀包容和接纳一切惊惶者，给他们提供庇护。

是不是联想到了什么？

20 世纪初，在曼哈顿码头数万公里之遥的重庆码头，发生了这么一件事：

重庆的码头工人饥寒交迫，重体力劳动使他们需要摄入大量的脂肪和蛋白质，但以其微薄的收入很难吃得起肉。这难不倒劳动人民，他们每天收工后就去菜市场拾捡被丢弃的动物内脏果腹，用牛油、朝天椒和各种香料勾勒出重口重辣的锅底，用于杀菌以及消弭内脏的异味。

这就是火锅的诞生。

是的，火锅就是四川人的自由女神，它不需要高端和稀有的食材，只接纳被食肉糜者弃之如

敝屣的猪胃、鹅肠、鸡肾、牛鞭等等。

火锅给劳动人民提供了百年庇护，而今早已不分贵贱、成为各阶层咸宜的人民美食，但它虽然登堂入室，哪怕店铺装修得像宫殿一样豪华，锅里的灵魂永远都是内脏。

内脏才是重庆人民的庇护所，是重庆游子的乡愁。所谓无毛肚不火锅就是这个道理，当然还有黄喉、鹅肠、肫肝、脑花、牛鞭等等，不一而足。

你在北京的家中涮肉，虽得其形，不得其魂。因为你买了最好的肥牛和羊肉卷，甚至还有鲍鱼生蚝，但是你忘了内脏。

既然选择最后一站回到故乡，那一定要去吃一顿灵魂内脏火锅。我告诉王睿。

重庆有很多老字号的毛肚火锅，也有号称杀牛场直营的牛杂火锅，每家类似的火锅店都把自己的内脏吹得天花乱坠，比如牛鞭是水牛鞭不是黄牛鞭，还有号称是犀牛鞭的。总之重庆人能把内脏吹出米其林美食的感觉，但我们今天并不想找一家米其林内脏餐厅，我们只想去一家重庆街头再寻常不过的火锅店，坐下来和百年前的重庆人交交心，感受一下被时代庇护的感觉——那个年代的码头工人哪去找犀牛鞭？有牛鞭就不错啦！当工人们背对着纸醉金迷的高档酒楼，撅着腚拾起人家弃之如敝屣的牛鞭时，可曾想过百年后的情形？牛鞭如果会照镜子，会不会发现它变成了自己讨厌的模样？

"不要变成自己讨厌的模样。"这是我们内脏之旅最后一站的主题。我和王睿走进一家不起眼的火锅店，它不在彻夜不眠的南山，也不是上过央视的网红，仅仅是朝天门码头旁一家孤零零的小馆，7张桌子7口铁锅，28张老式条凳，以及厨房里忙碌的墩子，墩子刀下的内脏。我们之所以选这里，是因为朝天门正是火锅的诞生地。

"毛肚、黄喉、鹅肠、牛鞭、腰片、鸭胗、卤肥肠、千层肚……"王睿在菜单上郑重其事地打着勾，他当年填高考机读卡都没这么认真。

"不来点牛肉吗？"我问。

"可以点，但没必要。"王睿回答。

"不来点素菜吗？"我又问。

"可以点，但没必要。"王睿回答。

一旁的服务员颔首以赞，他说你这位顾客暗合古人，和当年的公孙浩一个样。

"公孙浩是谁？"我问服务员。

"公孙浩就是火锅的创始人，一百年前，他在朝天门码头当棒棒（用扁担帮客人挑重物），也帮嘉陵江的游轮和酒楼进货。那里是民国名流的锦衣玉食之所，自然容不下内脏的存在。每天运完货，公孙浩都发现大量的内脏被遗弃在码头，无人问津。他觉得浪费，就把内脏挑回工棚，用铁锅煮沸杀菌，重辣重油去腥。在重庆无数个湿冷难当的冬夜，公孙浩用滚烫的内脏慰藉工友的身心，创造性地解决了温饱问题。所以他除了火锅创始人的称号外，还得了一雅号"内脏之王"，标识着他用内脏填饱大家五脏庙的丰功伟绩。

后来，在大家的簇拥下，公孙浩凑钱开了重庆第一家火锅店，店名叫杜工部。只为杜工部

《茅屋为秋风所破歌》中那句"大庇天下寒士俱欢颜",他认为他的火锅店就是这样的处所。

后来重庆成为陪都,在日军的大轰炸中,杜工部火锅店成了废墟,据说当时人们正在店里吃火锅,听到防空警报响起,大家作鸟兽散,纷纷冲向防空洞,唯独公孙浩依旧坐在厨房里翻洗着毛肚,他在盆里加入食盐和白醋,把毛肚肚叶层层抻顺,然后细细揉搓,仿佛岁月静好。

"快跑啊浩,边跑边搓!"工友们高喊着。

公孙浩仍在细细揉搓,充耳不闻。直到被砖石掩埋。

事后有人分析,说搓毛肚就和捏泡沫包装袋一个性质,容易把人催眠,公孙浩当时达到了颅内高潮,没听见警报。

不管怎样,公孙浩和杜工部火锅一起被历史尘封。九十多年后,杜工部火锅重现于解放碑,号称是当年杜工部的传承人,但是我走进店门,看见的是金碧辉煌的装修和高昂的菜价,各种生猛海鲜和空运肉类在菜单上济济一堂,我努力地寻找着内脏的踪迹,它们并未绝迹,但似乎已经不是当年的模样,并且卖得并不便宜。比如杜工部的菜单里就有犀牛鞭,号称是从非洲进口的。我曾经点过一次,将其放进九宫格的 C 位(九宫格的中间那格火力最旺),看着它在沸腾的红油里上下起伏,春风得意。

它明明是黄牛鞭。黄牛和犀牛"牛牛相轻",这根扮作犀牛鞭的鞭奸并不自知,它已经变成自己曾经讨厌的模样。

而杜工部那金牙银链的老板,他不是当年的内脏之王。

"内脏之王没了。"服务员告诉我俩,把我的思绪从杜工部拉了回来。

"内脏之王是民国的 legacy(遗产),会不会有这种可能性:蒋介石在撤退的时候将内脏文化带去了台湾?不是说台湾保留了更多的传统文化吗?"老王悠然神往。

"我去过台湾,吃过那儿的名小吃大肠面线,还有夜市里的大肠包小肠,没啥高明之处,比起四川的江油肥肠差远了。国民党带去台湾最珍贵的,应该是王祖贤的父亲,而不是内脏。"我打破了王睿的幻想。

"王祖贤的父亲是内脏之王?"服务员好奇道。

"王祖贤父亲的'王'是王睿的'王'。"我解释道。

"也就是王八蛋的'王'。"王睿补充道。

那天,在朝天门外这家再寻常不过的火锅店,王睿喝得酩酊大醉。王睿喝多了的表现是吟诗,而这天他吟了一首《滕王阁序》:

"渔舟唱晚,响穷彭蠡之滨,雁阵惊寒,声断衡阳之浦。嗝。

……

关山难越,谁悲失路之人;萍水相逢,尽是他乡之客。嗝。

……

胜地不常,盛筵难再;兰亭已矣,梓泽丘墟。

……

渔舟唱晚，响穷彭蠡之滨，雁阵惊寒，声断衡阳之浦。"

"这句你吟过了。"服务员提醒道。

"……滕王高阁临江渚，佩玉鸣銮罢歌舞。画栋朝飞南浦云，珠帘暮卷西山雨。

闲云潭影日悠悠，物换星移几度秋。阁中帝子今何在，槛外长江空自流。"

"嗝。槛外长江空自流。"王睿醉眼蒙眬地盯着窗外的嘉陵江。

服务员听得入了神，问这是谁写的？

王勃。我告诉他。"也是王睿的'王'。"

内脏之王的王。

内脏之旅的最后一站，就这样在王睿的醉话和打嗝声中告一段落。但这不是结束。我在重庆还听说了内脏之王的另一个版本。

其实，"公孙浩创造火锅"是子虚乌有的民间传说，压根就没有公孙浩这个人，纯粹是杜工部火锅店的营销策略。火锅真正的由来是这样的：

1934 年，蒋介石在南昌发表演说，为"新生活运动"揭开序幕。所谓新生活运动，是一种以生活形态的改进来促进革命的构思，"提倡节约、简朴生活"即是此运动内容的核心思想。抗战全面爆发后蒋介石去了重庆，所以新生活运动的中心其实一直都在重庆，甚至在重庆建立了"陪都新运模范区"，蒋介石亲自兼任区长。

朝天门就位于新运模范区里，一日蒋介石和宋美龄散步至江边，看见码头遍地扔弃的内脏，不由大为光火，把区里的工作人员叫了来，在现场支起一口大锅煮起内脏，然后让工作人员当场吃掉。本来是一种惩戒手段，没承想工作人员越吃越香，还邀请蒋介石夫妇一起吃。蒋介石满怀狐疑地吃了一根牛鞭，顿觉灵台清明，他还夹了一根牛鞭请宋美龄吃，被宋三小姐捂着鼻子拒绝了。

宋美龄不行。

之后蒋介石在重庆用行政手段大规模推广以内脏为主要食材的火锅。这就是火锅的真正由来。蒋介石才是真正的内脏之王。

听到这里，我不由得感慨万千，想起自己前不久才在北京吃了呷哺呷哺，那是从台湾传来的火锅，相当于一种文化回归。

蒋介石终于活成了自己讨厌的模样。

回到成都后，王睿成了一个彻底的内脏爱好者，每天肥肠粉、烤大腰换着来，每周必吃一顿火锅，最老的那种，环境差，服务员凶恶，老板娘脾气大。用从没换过的牛油，吃胆固醇最高的内脏。由于每周吃火锅，他偃旗息鼓的痔疮大有卷土重来之势，但他不在乎。

老王你变了，变成了自己曾经讨厌的样子。很多人这样评价。

"你变成了自己讨厌的样子，而我变成了你。"老王对着台湾方向答道。

见鬼！我真的吃了屎

文 / 王璞　插画 / 嗷呜

"食屎啦你！"听上去像一句骂人的话，可是在贵州某些地区，请你"吃屎"可能是最高规格的待客礼仪！

自从在贵州朋友那里得知有牛粪火锅的存在，将近一年，我都以非常严谨认真的态度判定我的贵州朋友传播的是一个非常不严谨认真的假消息，毕竟道理明摆着——谁会吃屎啊！直到，我不小心去了一趟贵阳。

到了贵阳，吃喝日程自然排得满满当当，肠旺面、青岩猪脚、糕粑稀饭、米豆腐、鸡辣椒、酸汤鱼、炒汤圆……一顿接一顿不亦乐乎。然而，就在最后一天的中午，贵阳朋友在毫无预兆的情况下，带我出现在了一家当地侗族菜，招牌上明晃晃地写着：侗家羊瘪。

"羊瘪？这是啥？"我问朋友。

"牛粪火锅里是牛瘪。这个就是羊……"

"。。。。。。"

普通的省略号已经完全无法表达我当时的心情，所以需要升级成用六个句号排列组合而成的省略号。境况虽如此，不过我还是万般诚挚地希望我和朋友的友谊不会因为这一顿午饭而画上句号。那么，一个非常严肃且重要的问题摆在了眼前：瘪，真的是……屎？

面对我的疑惑，朋友热情地开始讲解，但你要知道在面对这种状况时作为一个正常人一定会有"可千万别被涮了"的心理，于是好（多）学（疑）如我，立马自行检索。

牛粪火锅（cow-dung hotpot）是贵州省黔东南和广西西南地区的苗族美食，也叫牛瘪火锅，为贵州黔东南地区待客上品。

结果证明，朋友待我是发自内心的"真诚"！是的没错，朋友不但"真诚"，而且待我以"贵宾"。能带你来吃瘪，那足以证明你们是真朋友。

当然，网上搜出的关于牛／羊瘪的说法不免有些混杂不一甚至混淆视听，那么为了让广大吃友树立一个正确的吃喝人生价值体系，我在此就综合数条搜索结果做出一个关于"瘪"的概念梳理。

不管是牛瘪，还是羊瘪，都是小肠里的内容物，也就是未完全消化的草料。有说法是，把牛羊饿几天，只喝水，让它把肚子饿空，然后用新鲜草料（还有说用中草药）将其喂饱，数小时后就宰

杀并剖腹，立即把小肠剪断取出来，直接放入锅中翻炒，直到将肠中的内容物炒出，炒干后加水，水一熬开，一锅瘪汤就完成了。至于吃法，需要将另外煮熟的牛羊肉及内脏切细或剁碎，然后加入生姜、花椒、辣椒、芫荽、大蒜等爆炒，炒熟后就可以将瘪汤倒入其中，再加点儿牛／羊胆汁继续文火慢熬后就可以开吃了！据说，还有干锅的吃法，以及生瘪，也就是拿瘪汁来做凉拌菜。

前面提到，瘪是牛羊小肠里的内容物，为什么是小肠而不是大肠？按我的理解，小肠的功能段位还是比较高的，主要负责消化吸收食物的营养精华物质，而大肠就不一样了，进入大肠阶段的东西基本上已经是食物消化后的糟粕，也就是100% 完全意义上的……屎。不过据说，大肠瘪也是有的。牛羊瘪的吃法流行于贵州以及广西的苗族、侗族聚居区，经求证，"瘪"这个字在贵阳地区倒没什么特别的意义，然而在广西桂柳地区的方言中，瘪就是屎。

最后，我真的要为羊瘪汤的口味做一个真心且真实的评价：虽然制作过程不堪入目，吃起来有点儿腐草味，又些微有点儿苦，但……真的很香啊！尤其必须要进行的一个项目是：扞勺汤泡米饭——那是真过瘾！

祝君好胃口！

爱 TA 就陪 TA 吃下水

男人和女人，总是隔着雾、隔着墙、隔着一层窗户纸。尤其在吃内脏这件事上，男女之间的距离，就像从 10 袋苹果到苹果 10 代。

服务员，我要一串鸡软骨、一串烤面包片，一串鸡胗……

来二十串儿腰子！

又是腰子，每次吃烧烤你都要点。真不知道这臊里臊气的内脏有什么好吃！

腰子怎么了，你不也点鸡胗了吗，吃火锅你不点鸭肠？

那可不一样。我吃的是口感、味道。烫鸭肠讲求个七上八下，烫到微微卷起，那时的鸭肠呀，最是脆嫩。还有 fine dining（高级餐厅）里的鹅肝，Foie Gras（法语：鹅肝），最好是法国 Rougie 牌的，含在嘴里，细腻，滑润。玲珑小巧的一小只，随手一拍就是美食大片……再看看你这个腰子，黑乎乎的还有异味！

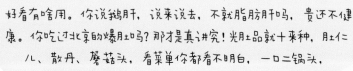

好看有啥用。你说鹅肝，说来说去，不就脂肪肝吗，贵还不健康。你吃过北京的爆肚吗？那才是真讲究！光肚品就十来种，肚仁儿、散丹、蘑菇头，看菜单你都看不明白，一口二锅头，一口烧饼，爽！

说再多也只有肚。你肯定没吃过猪肚包鸡吧。一只广东清远鸡，完完整整地塞进猪肚里，和胡椒、枸杞、白果等中药一起煲煮，咕嘟咕嘟的一大锅，好吃还滋补。当年宜妃就是喝了它胃口大开，面目红润，被乾隆帝翻了牌子的呢。

那都不算啥！论补，羊鞭第二，谁敢第一。还有南方那个鸡睾丸汤，补品中的爱马仕。哎，对了，吃鸡睾丸还能丰胸。

不听不听，
王八念经。

突然想起来，咱俩上周去日本馆子吃饭，你不还点了一个鸡卵巢吗！两个大灯泡圆溜溜的，我口水都流下来了，但是你死死护着，我愣是一口没吃着！那叫什么来着……

那叫提灯！吃内脏也要名字好听啊！哪像你，天天腰子睾丸卵巢的挂在嘴边。提灯是烧鸟店里的老饕才懂得欣赏的部位啊！轻轻咬开，一口爆浆，汁液在口中流连……让你吃，还不是暴殄天物。

搞不懂你们。　　搞不懂你们。

文／蛮吉　插画／空洞

内脏爱好者测试题·全国卷

出题机构 / 福桃编辑部　插画 / 空洞

"咦 ~这怎么能吃？"

警告你，不要在内脏爱好者面前说出这样的话，所有内脏我们! 都! 能! 吃! 并且它们! 都! 好! 吃! 为了防止世界被破坏，为了保护世界的和平，我们决定成立一个内脏爱好者联盟，贯彻肉食者的爱与食物的意义。

答对下列题目，你就有资格成为我们的一员，还等什么? 前进吧!

91 ~ 100 分	世上竟有如此热爱内脏之人，我们联盟的队长非你莫属
81 ~ 90 分	优秀! 十分优秀! 足以评上内脏爱好者优秀队员
71 ~ 80 分	加入我们的联盟吧，I WANT YOU（我们想要你）
60 ~ 70 分	不错嘛! 迈出了尝试的第一步
<60 分	你就是我们拯救的对象! 请等待我们从天而降

一、食物科普题（每题 5 分，共有 8 题）

1. 北京炸灌肠的原料是什么?

A：粉肠　　　B：灌肠

C：淀粉　　　D：猪大肠

2. 以下哪种食材是及第粥里没有的?

A：猪肝　　　B：瘦肉

C：粉肠　　　D：猪肺

3. 以下哪个关于葫芦的说法常被人们用来指代内脏呢?

A : 葫芦头　　　　B : 葫芦尾

C : 葫芦中　　　　D : 葫芦娃

4. 黄喉到底是指哪个部位?

A : 喉咙　　　　　B : 血管

C : 气管　　　　　D : 自来水软管

5. 炒肝不包含下列哪种食材呢?

A : 蒜　　　　　　B : 猪肝

C : 猪大肠　　　　D : 猪肺

6. 金银肝是用什么做成的?

A : 金子、银子

B : 金角大王、银角大王

C : 猪肝、肥膘

D : 猪肝、金银花

7. 以下哪道菜里面含有动物内脏?

A : 猪包蛋　　　　B : 爆肝

C : 馕包肉　　　　D : 纸包鸡包纸包鸡

8. 以下哪道菜是客家著名美食?

A : 蚂蚁上树　　　B : 凤凰投胎

C : 胸口碎大石　　D : 胸氏炒鸡蛋

二、用餐情境题(每题5分,共有12题)

9. 你只身一人被五个穿小脚裤子、豆豆鞋、大金链子、虎头T恤的东北恶势力青年团团围住,一定要你说出东北炸三样是哪三样,否则就不放你走,你的选择是:

A : 猪腰子、猪连体、鸡冠油

B : 南瓜饼、麻花、油条

C : 酥肉、鸡米花、手枪腿

D : 香蕉、苹果、哈密瓜

10. 临出门前,妈妈塞给你一包鸡石子,她想让你干吗?

A : 偷偷放在小朋友的后面(我觉得你应该会唱出这句)

B : 夜市摆摊卖烧烤

C : 代替手上的核桃盘刷包浆

D : 用来防身

11. 你在四川粉店排队点单,听到前面的人对老板说:"给我来个冒节子。"他这是什么意思?

A 他想要一个油豆皮结。

B 他想要一个肥肠节子。

C 他想要一份冒肥肠。

D 他是乱入的隔壁邻居,想借一个螺丝帽。

12. 请问身处广东该如何有礼貌地称呼鸭肝?

A : 鸭肝　　　　　B : 鸭润

C : 鸭潮　　　　　D : 鸭干燥

13. 请问四川人民一般亲切地称猪脑为什么?

A 猪脑壳　　　　B 猪脑花

C 猪脑叶　　　　D 猪智慧

14. 你可爱的女朋友说今天只想吃内脏, 别的什么都不要! 你该给她点些什么?

A：梆梆肉

B：草头圈子

C：牛三星汤

D：我全都要 .jpg

15. 又是你那位"今天只想吃内脏"的朋友, 和你来到四川乐山玩, 你觉得她会不顾你的考虑, 带你吃些什么?

A：跷脚牛肉

B：跷脚羊肉

C：跷脚猪肉

D：跷脚不能吃肉

16. 你可爱的女朋友突然跑过来, 一脸诡异地跟你说"我们去吃炖吊子好不好?"她想干吗?

A：你成天吊儿郎当的, 她不高兴了, 想把你炖了。

B：炖猪的不可描述的部位。

C：最近的网红新品。沙雕必备, 炖吊子。

D：炖猪肠、猪心、猪肚、猪肺。

17. "我们之中出了一个叛徒。"鸭胗说, 鸭肝冷笑："你不会贼喊捉贼吧。"旁观的你, 请问：谁是叛徒?

A：鸭胗　　　　B：鸭肫

C：鸭胃　　　　D：鸭肝

18. 炖吊子、卤煮、苏造肉经常厮混在一起, 勾肩搭背、眉来眼去, 它们到底是什么关系?

A：苏造肉是北方炖吊子和卤煮失散在南方的姐妹。

B：苏造肉是妈妈, 炖吊子和卤煮是姐妹。

C：远房表亲。

D：没有关系, 只是长得像。

19. 在爆肚店里, 喊老板我要一份爆肚, 结果被老板无视了, 为什么?

A：没有爆肚。

B：老板不喜欢你。

C：老板太忙了, 客人太多, 顾不过来。

D：老板就是不喜欢你。

20. 同行的友人问你九转大肠为什么叫九转, 而不是三转、六转、十八转? 你要怎么回答?

A：因为菜里有九个大肠啊!

B：因为九的二进制是 1001, 很像一个猪鼻子有没有!

C：老板的幸运数字就是九!

D：默默低头吃大肠, 不理会这个杠精!

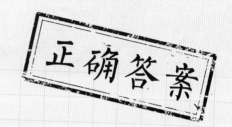

1. 答：C，老北京炸灌肠，就是淀粉坨坨嘛。

2. 答：D，及第粥的食材就是猪肝、瘦肉、粉肠啦～

3. 答：A，葫芦头就是人们俗称的猪大肠。

4. 答：B，黄喉是猪、牛的大血管。

5. 答：D，老北京还曾流传过一句关于炒肝的俏皮话："你怎么跟炒肝儿似的，没心没肺。"

6. 答：C，金银肝是猪肝和猪的肥膘混合制成的。

7. 答：A，猪包蛋又叫鸡蛋灌猪肚。将鸡蛋灌入洁净的猪肚内，然后放入药膳汤里蒸熟，切开食用。爆肝还要我解释吗？朋友，没事，珍惜你的夜生活吧。

8. 答：B，凤凰投胎是猪肚鸡的别名。即把鸡放进猪肚里熬成的汤。胸氏炒鸡蛋是北京著名美食。

9. 答：A，传说中的东北炸三样就是猪腰子、猪连体、鸡冠油（这是猪肺上的一层薄油）。

10. 答：B，鸡胗在南方会被叫作鸡石子，嗯，不要问为什么，可能觉得可爱吧。

11. 答：B，节子就是打成节的猪小肠，是肥肠粉店必备，一般一块钱一个。

12. 答：B，我们广东人最喜欢好意头了，肝什么的太难听，通通改成润！

13. 答：B，我们四川人民没有广东人辣么温柔，脑花就是脑花，成不了猪智慧。

14. 答：D，梆梆肉是猪肉及其肠、肚、心、肝熏制成的；草头圈子里的圈子是猪大肠；牛三星汤就是牛心、牛肝、牛腰煮的汤。什么？你问她都能吃完吗？不要问女孩子这么不礼貌的问题。

15. 答：A，跷脚牛肉是四川乐山很有名的牛杂汤，以前卖跷脚牛肉饭馆的条件很简陋，只有一张方桌，没有凳子供客人落座，不过桌下有根横木，可以供客人跷着歇歇脚，所以大家都管这碗牛杂汤叫跷脚牛肉。

16. 答：D，炖吊子的桃子是一种煲汤的容器。它和卤煮一样，是宫廷名菜苏造肉流落民间的版本。以猪肠为主，不放火烧也不放豆泡，现在多是用砂锅炖煮。

17. 答：D，就是鸭肝，它贼喊捉贼！鸭胗、鸭肫都是鸭胃。

18. 答：B，卤煮和炖吊子都是宫廷名菜苏造肉流落民间后的产物，百姓买不起五花肉，只好用猪下水代替。

19. 答：D，爆肚不是一道菜。客人都是单点肚品的，即羊或者牛胃的不同部位。散丹、蘑菇、肚仁都是羊肚品。

20. 答：C，九转大肠原名为红烧大肠，传说是济南一家叫作九华林的酒楼首创，老板极其迷恋"九"这个数字，开的店铺酒楼都要带个九字。客人为了拍老板马屁，说你这个菜可以叫九转大肠，工艺繁复，堪比制作"九转仙丹"啊，老板就喜滋滋地同意了。

小肥羊 火锅餐厅
LITTLE SHEEP HOT POT

工作🕐元气午餐

15 种食材
5 分钟上齐

39 元/份

超时免单
扫码享优惠

打开「美团」扫一扫

●扫码后仅需¥117元即享三份工作日午餐特惠。三份起售,平均每份套餐39元。可分次兑换。
●"5分钟上齐|超时免单"是指:在工作日午餐指定供应时间内,以点餐流水单最上方显示的时间为准开始计算的5分钟内,
　上齐所点购的指定套餐。若指定套餐上餐时间超过5分钟,则该套餐消费可享免费优惠。
●指定套餐是指:39元超值套餐、49元尊享套餐和每日一款限时特惠45元套餐,各餐厅供应套餐品种可能不同,以餐厅实际
　供应为准。
●工作日午餐仅限周一至周五10:30-14:00供应,法定节假日除外。
●图示内容仅供参考,产品及包装以实物为准。具体产品及价格以餐厅菜单为准。